四川省主要灌丛空间分布规律研究

程武学 刘 庆 万 丹 等著

科学出版社

北京

内 容 简 介

　　本书在遥感、地理信息系统、生态学、林学、统计学等相关理论、方法和原则的基础上，以遥感信息提取技术、地理信息空间分析技术、数理统计技术等为主要的技术手段和研究方法，较全面和系统地研究了 2005 年四川省主要灌丛的空间分布规律并开发了相关的地理信息系统。本书主要依托中国科学院战略性先导科技专项子课题：西南山地灌丛碳汇研究（XDA01050303）项目，通过实地调查及归纳总结，明确了四川省灌丛的分类体系。结合遥感和 GIS 技术，在 1:10 万比例尺下明确了各个群系、群系组、植被型的面积，并对其分布规律进行了定量化研究。

　　本书可供植被遥感及相关专业的师生参考。

图书在版编目(CIP)数据

四川省主要灌丛空间分布规律研究 / 程武学等著. — 北京：科学出版社，
2017.6
　　ISBN 978-7-03-053185-8

　　Ⅰ.①四…　Ⅱ.①程…　Ⅲ.①灌木林–分布规律–研究–四川　Ⅳ.①
S718.54

中国版本图书馆 CIP 数据核字（2017）第 108289 号

责任编辑：张　展　陈　杰 / 责任校对：陈　杰
责任印制：罗　科 / 封面设计：墨创文化

科学出版社 出版
北京东黄城根北街16号
邮政编码：100717
http://www.sciencep.com

四川煤田地质制图印刷厂印刷
科学出版社发行　各地新华书店经销
*

2017 年　月第　一　版　　开本：B5（720×1000）
2017 年　月第一次印刷　　印张：9 1/2
字数：230 千字
定价：88.00 元
（如有印装质量问题，我社负责调换）

本书其他作者（按姓氏笔画排序）

胡　君（中国科学院成都生物所）　　　李丹丹（中国科学院成都生物所）

李　婷（中国科学院成都生物所）　　　李　悦（四川省林业调查规划院）

任德智（西藏农牧学院）　　　　　　　徐志邦（四川师范大学）

杨东升（西藏农牧学院）　　　　　　　尹春英（中国科学院成都生物所）

喻　武（西藏农牧学院）　　　　　　　张　薇（四川师范大学）

赵春章（中国科学院成都生物所）

前　　言

　　"四川省主要灌丛空间分布规律研究"是一项立足于相关理论，面向灌丛资源调查的应用性研究。本书是国家科技基础性工作专项"我国主要灌丛植物群落调查"（2015FY110300）、四川省科技基础条件平台项目：四川省灌丛可视化信息系统建设（2017TJPT0018）、中国科学院战略性先导科技专项子课题：西南山地灌丛碳汇研究（XDA01050303）、西藏大学农牧学院水土保持与荒漠化防治专业校外"创新性人才"培训基地建设项目研究成果的一部分。本书在遥感、地理信息系统、生态学、林学、统计学等一系列相关理论、方法和原则的基础上，以遥感信息提取技术、地理信息空间分析技术、数理统计技术等为主要的技术手段和研究方法，较全面和系统地研究了四川省主要灌丛的空间分布规律并开发了相关的地理信息系统。本书主要取得了以下成果。

　　（1）通过实地调查和文献查阅，按照生态学分类原理并经过归纳和总结，明确了四川省灌丛的分类体系，包括灌丛群系、灌丛群系组及灌丛植被型三大类型。

　　（2）采用监督分类法对研究区影像进行信息提取，并结合实地调查数据对信息提取的精度进行了评价，总的灌丛提取精度可达到87％左右。

　　（3）基于GIS空间分析方法对四川省2005年的灌丛空间分布规律进行了具体的研究，主要对其在行政区域、坡向、坡度和海拔四个方面的分布规律进行了详细研究并制作了相应的灌丛分布图。

　　（4）分析了灌丛在不同降雨量和温度下的分布规律。

　　本书的特色和创新点主要体现在以下两个方面。

　　（1）主要依托西南山地灌丛碳汇研究项目，通过实地调查及归纳总结，明确了四川省灌丛的分类体系。

　　（2）结合遥感和GIS技术，在1：10万比例尺下明确了各个群系、群系组、植被型的面积，并对其分布规律进行了定量化研究。

目　　录

第1章 绪 论

1.1 灌丛相关概念

1.1.1 灌丛的概念

灌丛指由灌木占优势所形成的植被类型。一般而言，灌丛群落的高度在 5m 以下，盖度为 30%～40%。灌丛类型众多，可分为亚高山灌丛、温带落叶灌丛、亚热带常绿—落叶灌丛。灌丛与森林的区别不仅在于高度不同，更主要的是灌丛建群种多为簇生的灌木生活型；灌丛与草地的区别在于草丛中灌木种类分布稀疏而不形成背景，而且也起不到制约环境的作用。灌丛是土地覆盖的一种重要组成部分。

1.1.2 土地覆盖的概念

各种研究机构对土地覆盖有自己不同的定义，如国际地圈生物圈计划（IGBP）和国际全球环境变化人文因素计划（IHDP）将土地覆盖定义为"地球陆地表层和近地面层的自然状态，是自然过程和人类活动共同作用的结果"（Turner et al.，1995）；美国全球环境变化委员会（USSGCR）将土地覆盖定义为"覆盖着地球表面的植被及其他性质"；美国生态学会（ESA）将土地覆盖定义为"土地表面的生态状态和自然表现"（Turner et al.，1995）；吴传钧等认为土地覆盖的基本概念和定义是在土地的基本概念和定义的基础上发展和建立起来的，土地是指地球陆地表层一定范围内的地域单元，是自然特征和社会特征的复杂综合体（吴传钧，1994），土地覆盖反映了土地的自然属性；还有学者认为土地覆盖为"具有一定地形起伏的覆盖着植被、雪、冰川和水体，包括土壤层在内的陆地表层"。

以上定义虽然措辞不同，但均包含两个含义：①土地覆盖是陆地生物圈的重要组成部分；②土地覆盖的最主要组成部分是植被，但也包括土壤和陆地表面的水体。

土地覆盖和土地利用是一组经常被同时提到，也容易被混淆的概念，如 IGBP 和 IHDP 制定的研究计划——土地利用/土地覆盖变化科学研究计划就将二者并列。陈百明（1997）认为土地利用反映了土地本身的社会属性，而土地覆盖反映了土地本身的自然属性；美国生态学会将土地覆盖定义为"土地表面的生态状态和自然表现"，而将土地利用定义为"土地使用的人为目的"。土地覆盖主要针对地球地表的物理特征，包括地表植被、水体、沙漠、冰雪以及土地其他物理对象，包括通过人类活动产生的对象；土地利用是指由人类、机械、土地管理者有计划、有组织进行使用和管理的土地、森林等。农业、林业、牧业和城市发展等人类对与土地有关的自然资源的利用活动属于土地利用的范畴，而耕地、林地、草地、公路、建筑及土壤、冰雪和水体等属于土地覆盖的范畴。作为一种土地覆盖，可能被用于获取木材、为获取资源而利用。

土地覆盖和土地利用二者的相互转移或经营就构成了土地利用、土地覆盖变化。土地利用的变化能够直接改变地表的覆盖状况，它一方面改变地球表面物理特征(粗糙度、反照率、土壤含水量等)，影响与气候直接有关的地表与大气之间能量和水分的交换过程；另一方面又能改变地球表面的生物地球化学的循环过程，影响地表与大气之间的微量气体交换和土壤—植被之间的营养物质输送。另外，土地利用变化还通过土地覆盖的改变而直接影响到生物多样性、影响区域的水分循环特征、改变生态系统的结构以及组成，从而对生态系统的功能产生影响(刘硕，2002)。

土地覆盖具有显著的空间特征、时间特征和时空尺度特征。土地覆盖形态和状态可以在多种时空尺度上变化，而且产生土地覆盖变化的原因也是复杂的(杨立民等，1999)。土地覆盖信息的空间特征主要表现在土地覆盖的空间分布，包括土地覆盖类型、面积大小、空间位置和区域差异等方面。土地覆盖研究首先是与所研究区域的空间尺度联系在一起的。在不同的空间尺度上，土地覆盖的类型、所采用的分类系统、所研究的问题和研究的方法都不同。在不同尺度上处理土地覆盖分类是一个复杂问题，不同国家、不同学科存在不同的分类系统，在不同尺度上只能进行相应的土地覆盖分类、建模和预测(陈佑启，2000)。

土地覆盖作为一个地球陆地表层的空间对象，还具有时间上的变化差异，土地覆盖信息涵盖了时间和空间信息。通过遥感技术对某一时刻地表土地覆盖信息的获取，实际上就是识别此刻地表土地覆盖类型，了解其空间分布状况；对某一时段地表土地覆盖信息的获取，则侧重地表土地覆盖的变化，时段的长短则反映了时间尺度的大小。

采用遥感手段进行土地覆盖信息提取，在不同分辨率遥感影像上可能识别的土地覆盖类型或监测到的变化状况是有一定限度的，例如用 500m 分辨率的 MODIS 数据难以识别出我国北方的城市绿地。在不同空间尺度上，进行土地覆盖研究所使用的遥感数据是不同的，在中小区域尺度上，经常使用的是 30m 的 Landsat-TM 数据；在全球尺度上，20 世纪 90 年代多用 1km NOAA-AVHRR 数据，如 1994 年 Defries(1994)用 1km NOAA-AVHRR 的植被指数 NDVI 数据对非洲、南美洲的土地覆盖进行了开创性的研究，Cihlar 等(1997)用该数据对加拿大北方地区进行了研究；1999 年 12 月美国成功发射的 EOS-AM-1 卫星上搭载了 MODIS 传感器，它可获得 250m、500m、1 000m 的 36 个分布在 0.4～14um 的光谱波段的数据，该数据已成为在全球和大区域尺度上土地覆盖研究中的最新数据源（Muchoney et al.，1999）。

1.2　灌丛覆盖分类系统

灌丛覆盖分类系统是土地覆盖研究的核心之一，也是研究成果的表达方式。灌丛覆盖分类系统对于研究全球变化，建立一个可靠的、具有空间及各种专题信息是非常有意义的，且气候模型、碳循环评价、生态模型各种研究都急需这种有效的分类产品。

目前在土地覆盖分类系统中，主要将灌丛分为郁闭灌丛和稀疏灌丛两类。同时，也有人按照灌丛的不同组成将其分为多种类型，如表 1-1 和表 1-2 所示。

表 1-1　部分土地覆盖分类系统及其代码

代码	IGSNRR（中国科学院地理科学与资源研究所）	NOAA/UMD	IGBP	MODIS/UMD	MODIS/LAI	MODIS/NPP
0		水体	水体	水体	水体	水体
1	常绿针叶	常绿针叶	常绿针叶	常绿针叶	草地、谷类	常绿针叶
2	落叶针叶	常绿阔叶	常绿阔叶	常绿阔叶	灌丛	常绿阔叶
3	常绿阔叶	落叶针叶	落叶针叶	落叶针叶	宽叶作物	落叶针叶
4	落叶阔叶	落叶阔叶	落叶阔叶	落叶阔叶	干旱草原	落叶阔叶
5	针阔混交	针阔混交	针阔混交	针阔混交	阔叶林	一年生阔叶植被
6	灌丛	稀疏林地	郁闭灌丛	郁闭灌丛	针叶林	一年生草本植被
7	高密度草地	有林草地	稀疏灌丛	稀疏灌丛	无植被	无植被
8	中密度草地	郁闭灌丛	稀疏林地	稀疏林草地	建筑用地	建筑用地
9	低密度草地	稀疏灌丛	干旱草地		干旱草地	
10	农田	草地	草地		草地	
11	湿地	农田	永久性湿地			
12	城镇用地	裸地	农田		农田	
13	水体	建筑用地	建筑用地		建筑用地	
14	冰川雪被		农田和自然植被			
15	荒漠裸地		积雪和冰		荒漠裸地	
16	沙漠		荒漠裸地			
17	裸露岩石					

表 1-2　现有分类系统对类的不同定义

土地覆盖类型	IGSNRR	MODIS/IGBP（仅标出与 IGSNRR 不同的）	NOAA/UMD（仅标出与 IGSNRR 不同的）
常绿针叶林	常绿针叶林为主要类型	森林郁闭度>60%	郁闭度>60%，树高>5m
常绿阔叶林	常绿阔叶林为主要类型	森林郁闭度>60%	郁闭度>60%，树高>5m
落叶针叶林	季节性落叶针叶林占主要类型	森林郁闭度>60%	郁闭度>60%，树高>5m
落叶阔叶林	季节性落叶阔叶林占主要类型	森林郁闭度>60%	郁闭度>60%，树高>5m
混交林	上述四种类型的混合，每一类型面积均不超过 50%	森林郁闭度>60%	郁闭度>60%，树高>5m
林地			40%～60%，树高>5m
郁闭灌丛	高度 2m 以下的灌丛和矮林	林木郁闭度>60%	
稀疏灌丛		林木郁闭度 10%～60%	
森林草地	按草地覆盖度>60%、20%～60%、5%～20% 分别分为高、中、低三种草地类型	林木郁闭度 30%～60%	
稀疏林草原		林木郁闭度 10%～30%	
草地		林灌郁闭度小于 10%	
永久性湿地	地势平坦低洼，排水不畅，长期潮湿多积水且表层生长湿生草本植被的土地		
农田	种植农作物的土地，包括耕熟地、休闲地、轮歇地、草田间作地等	木质作物分类为相应的森林或灌丛	
城镇用地	包括城乡居民点及其他人工建筑		
农田/自然植被		农田、森林、灌丛和草地没有一类覆盖超过 60%	
荒漠	地表覆盖以裸土、碎砾为主，植被覆盖度<5%		
裸露岩石	地表为裸露岩石，植被覆盖度<5%		
沙漠	沙漠、沙地且植被覆盖度<5%		
冰川雪被	积雪和冰且植被覆盖度<5%		
水体	河流、湖泊、池塘、水库、海洋等		

　　1996 年，联合国粮食及农业组织（FAO）试图建立一个标准的、全面的分类系统——土地覆盖分类系统（land cover classification system，LCCS），并且在世界范围内进行推广应用。这个系统应该适用于不同的使用者，每个使用者只利用分类系统的一部分，并根据他们自己的特殊需要在此分类的基础上进行扩展。FAO 土地覆盖分类系统主要分两个阶段：第一阶段是二分法分类阶段（dichotomous），定义了 8 个主要土地覆盖类型（表 1-3）；第二阶段是模块化的分层分类阶段

(modular-hierarchical)，在第一阶段的基础上，使用预先定义的分类器 (classifier)组合，得到进一步的分类。整个分类系统实质上是一个决策树，具有分类层次清晰、灵活、详细等特点，使用者可以根据具体的需要选择其中的土地覆盖类型，得到其所需要的土地覆盖分类系统。

表 1-3 FAO 的二分法分类系统

植被覆盖				无植被覆盖			
陆地 A1		水域或水经常淹没地 B2		陆地 B1		水域或水经常淹没地 B2	
耕种地 A11	自然或半自然地 A12	耕种的水域 A23	自然或半自然水域 B24	建筑 B15	裸地 B18	人工水体 B27	内陆水 B28

2002 年由全球植被监测组织(global vegetation monitoring unit，GVMU)利用 1999 年 11 月 1 日到 2000 年 12 月 31 日 1000m 分辨率的 SPOT VGT 数据实施的全球土地覆盖制图 2000 年计划(GLC 2000)，把全球分成 19 个区域，按 FAO 的土地覆盖分类系统为基础将全球分为 22 个土地覆盖类别，由熟悉当地区域土地覆盖状况的 30 多个小组成员采用适合该区域的分类方法进行制图，然后拼接成 1000m 全球土地覆盖产品，由于土地覆盖类别和分类方法较为灵活，相对 IGBP 土地覆盖产品更好地反映了当地的土地覆盖实际。

1.3 研 究 意 义

四川地区灌丛研究多年来积累了众多的研究成果，但系统的研究成果较少。所以，搞清楚四川地区灌丛的数量以及分布规律，对于研究四川地区的灌丛特征等有着重要的现实意义。同时，灌丛研究也是土地覆盖研究的一个重要组成部分，对灌丛的研究有助于进一步扩展土地覆盖研究的深度和广度。

灌丛覆盖是土地覆盖的一个组成部分，而土地覆盖研究是全球变化的一个重要内容。全球变化研究是 20 世纪 80 年代初提出、规划，80 年代中后期陆续开始实施的。国际科学界现已组织了 4 个大型的既相对独立又相互补充的国际计划，各自又有若干个核心研究计划，它们构成了国际全球变化的研究体系。这些计划包括：世界气候研究计划(WCRP)、国际地圈生物圈计划(IGBP)、国际全球环境变化人文因素计划(IHDP)、国际生物多样性计划(DIVERSITAS)，分别研究物理气候系统、调节地球系统的物理-化学-生物相互作用、环境变化的人类因素以及生物多样性四个方面。

全球变化的各个方面的研究几乎都与土地覆盖密切相关，包括全球气候变化、全球的生物圈变化、水圈变化、海洋生物地球化学变化等。20 世纪 90 年代以来，全球变化领域的学者逐渐加强了对土地覆盖变化的研究。在四大全球变化研究课题中，土地覆盖变化研究既隶属于国际科学联合会的国际地圈生物圈计划

（IGBP），又隶属于国际社会科学联合会的全球环境变化的人文因素计划（IHDP）。

土地覆盖变化在全球环境变化和可持续发展中占有重要地位，是全球变化研究中的核心内容之一。土地覆盖信息直接反映了人类生存的地表现状以及变化状况，人与自然的相互作用都会通过土地覆盖体现出来。美国全球环境变化委员会（USSGCR）将其与气候变化、季节性和年际气候波动及臭氧层耗损并列为影响地球生命支撑系统的全球四大环境变化之一。

陆地表面覆盖物理特征变化估计是全球气候的陆地水文地理模型的基本输入。自然过程、人类活动持续改变陆地表面覆盖，导致了一些大的变化，如因特大灾害导致的长期气候变化、短期植被演变。这些变化有直接诱因，如森林破坏、开垦农田、城市化等；也有间接诱因，如人为导致天气变化。科学界广泛达成共识：土地覆盖类型的物理特征变化的监测、定量、制图已经成为研究全球变化问题的关键因素。

土地覆盖变化对全球生态环境产生了巨大的影响（刘硕，2002），作为地球与大气圈的界面，土地覆盖及其变化是地球、生物圈和大气圈中多数物质循环和能量转换的过程，包括温室气体的释放和水循环的源汇。自然土地覆盖格局的改变一方面通过影响气候、土壤、水文以及地貌而对自然环境产生了深刻的影响，另一方面对陆地生态系统的生物多样性、植物和动物的种群动态、初级生产力、全球生物地球化学循环和大气中温室气体的含量、区域大气化学性质及过程、区域及全球气候都产生了广泛而深刻的影响。因此，国际上有关研究项目主要围绕土地覆被变化与全球变化、全球环境变化及可持续发展的关系展开。

土地覆盖及其自然变更，在地球系统的气候和生物化学全球尺度模式中扮演着重要角色。地表对地球的生物化学循环有相当的控制作用，它通过温室气体的辐射作用和活性组分显著影响气候系统。而且，地形、反照率、植被覆盖和地表物理特性通过地表—大气模式、能量通量、地球自转动力驱动的大气循环模式产生多变的气候和天气。土地覆盖变化对生物地球化学的影响，主要表现在不同的土地覆盖类型具有不同的生态系统结构、群落组成和生物量，它们以不同的速率吸收和固定养分，如碳和氢，这些营养元素对土壤、大气和水中的分布影响重大。对陆地生态系统的影响主要表现在使物质循环与能量流动以及景观结构巨大变化，导致生态系统的结构和功能发生改变。

全球土地覆盖类型分布在地球生态系统过程的物质和能量交换中起着非常重要的作用，也是全球变化和碳循环模拟、气候模拟等研究的重要内容（Sellers et al.，1997）。在这种情况下，精确的全球土地覆盖信息的重要应用就是推导影响大气和陆地表面生物物理过程和能量交换的各参数，大区域尺度和全球尺度的气候和生态系统过程模型需要这些参数（Townshend et al.，1991）。

在几十年甚至百年尺度上，由自然因素引起的环境变化幅度相对较小，而人类活动产生的环境变化，在强度上甚至超过了自然因素引起的环境变化，成为主要因素(叶笃正等，1994)。反过来，全球环境变化直接影响到土地覆盖变化，通过对土地覆盖变化的研究，可以反演气候与人类活动驱动因子的影响程度；同样，关于土地覆盖变化对气候变化的反馈作用的研究将有助于提高预测全球变化对陆地生态系统的影响能力。

　　土地覆盖变化还与国家环境安全存在密切关系。人为活动对环境的作用的结果可以通过土地覆盖信息直接反映出来，如土地荒漠化就可以在土地覆盖类型或变化上直接反映出来，多年土地覆盖信息对环境恶化、生态环境退化过程也能起到监测作用，从而对环境政策制定者起到参考作用。

　　全球和区域尺度的土地覆盖特征对全球环境状况的评估、模拟未来全球环境的情景有着重要的作用，这些研究最终将促使各国环境保护政策的制定。此外，土地覆盖数据还被应用于国家或各国间的资源管理规划、土地管理实践中，如天气预报、资源开发规划、空气质量标准制定等方面。

1.4　研　究　内　容

　　本书的研究内容主要包括以下几个方面：

　　(1)四川省主要灌丛群系类型分类系统研究；

　　(2)四川省主要灌丛 2005 年灌丛空间分布规律研究；

　　(3)四川省主要灌丛在气象因子上的空间分布规律研究；

　　(4)四川省灌丛地理信息系统研究。

第 2 章　文 献 综 述

灌丛是指植物群落以灌木占优势所组成的生态系统类型。群落高度一般在5m以下，盖度大于30%，建群种多为簇生的灌木生活型，具有一个较为郁闭的植被层，多是中生性的。灌丛的生态适应性较强，多分布于气候过于干燥或寒冷，森林难以生长的地方。根据灌丛的植被群落结构特征、种类组成、外貌特点以及分布区的典型地貌特征，可以划分为矮林—灌丛、草地灌丛和高山灌丛3个生态系统类型组14个生态系统类型。灌丛生态系统是介于森林与草地之间的生态系统类型，具有生产经营、涵养水源、保育土壤、固碳释氧、控制污染等作用，对生态环境具有不可估量的价值。

由于灌丛分布地区的特殊性，所以无法获取详尽的资料。卫星观测可以提供较大覆盖范围内重复的时相资料，可对各个地区进行动态监测，包括人迹罕至的地区。而利用遥感研究灌丛，国内外许多学者做了相关研究。

2.1　灌丛分类体系研究

进行灌丛分类，首要是要进行灌丛覆盖的分类。归一化差异植被指数(NDVI)法是一种常用的方法。此方法产生于20世纪70年代，由Rouse提出。它结合了可见光波段和近红外波段的反射率，可以区分绿色植被特别是低密度植被覆盖。Defries等(1994、1995)利用最大似然分类法将NOAA/AVHRR 8km分辨率的遥感影像分为了11类。Singh(1989)、NAS(1999)、Compin等(2004)曾利用NDVI数据进行大范围的土地覆被变化监测。Compin等(2004)利用1981～1991年的NOAA/AVHRR NDVI对生态系统进行了动态监测。

在我国，NDVI作为土地各种植被类型特征的一个度量，已经被广泛应用于降水研究、农作物估产和土地覆被分类等研究中。我国学者在利用植被指数的同时，引入其他的遥感观测数据，如用AVHRR第三通道数据来定位森林边界，或者引入其他辅助信息，如年降水量、年均气温、高程等自然因子。洪军等(2005)利用多时相的NAAA/AVHRR 8km分辨率的遥感影像，以决策树分类为基础，叠加上数字高程模型(DEM)数据，对中国东北部地区20世纪80年代的地表覆被类型进行了分类，将研究区划定为11种土地覆被类型，揭示了研究区土地覆被的空间分异特征。李月臣等(2005)在分析现有土地覆被变化检测指标的基础上，设计了一个新的基于交叉相关光谱匹配(CCSM)和兰氏距离的变化检测指标。

　　由于时间序列的 NDVI 数据往往有空间分辨率较低的特点，对于光谱特征相近的土地覆被容易发生混分现象。在传统的遥感信息分类和识别方法中，主要有最大似然法（MLC）、神经网络法（ANN）、支持向量机法（SVM）、混合距离法（ISOMIX）、循环集群法（ISODATA）等监督与非监督分类法，这些分类方法在应用中也取得了较好的效果。如蒋定定等（2008）、张海龙等（2006）、贾永红（2000）、骆剑承等（2002）和谭琨等（2008）分别利用最大似然法、BP 神经网络法、人工神经网络（ANN）、SVM 法在遥感影像数据分类方面进行了研究，取得了具有一定实践价值的应用成果。然而，由于遥感图像本身的空间分辨率及"同物异谱"和"异物同谱"现象的存在，基于传统的模式识别分类，往往出现较多的错分、漏分现象，导致分类精度低，定量化程度低等缺点（杨凯，1988）。为此，各国学者充分利用遥感数据多平台、多传感器、多波段、多分辨率、多时相等优势，不断尝试新的遥感数据分类方法，以提高地物识别率，认为多源数据复合是提高遥感分类精度的有效途径（杜明义等，2002；张锦水等，2006）。潘耀忠等（2002）、李金莲等（2007）、陈波等（2007）、何灵敏等（2007）、邓锟等（2009）引入地理辅助数据来进行多源信息融合，对土地利用信息进行了分类提取研究，并与传统分类方法相比较，认为多源数据复合大大丰富了遥感图像的地物信息，且随着研究内容和深度、精度的提高在不断发展中。

　　对于灌丛的提取，方法与土地覆盖分类类似，是其中的一个分支。王瑾等（2010）以俊河流域 2009 年遥感影像为例，将该区域高寒灌丛训练样本图层叠加于高程、坡度、坡向、NDVI 以及 TM 影像的 6 个波段图层之上，分别统计特征值范围，得到典型高寒灌丛的分布特征信息，并根据这些特征建立对应的决策树规则，提取俊河流域高寒灌丛植被，并结合 2009 年野外勘测采集的样本，进行结果验证，得到了较高的分类精度。

　　有许多地区存在由其他土地覆被转移成灌丛的趋势。曹学章等（2001）在研究三峡库区的土地覆被动态变化中指出：1995～2000 年三峡库区土地覆被变化主要表现为林地的退化和耕地的建设侵占，林地退化又表现为草丛化、垦殖、建设侵占和有林地的灌丛化。有学者对灌丛沙堆进行了研究，如岳兴玲等（2005）对沙质草原灌丛沙堆的研究中，得出结论：灌丛沙堆的形成受到多种因素的影响与制约，如植被、气候、地形、沙源等因素。

2.2　遥感估测灌丛特性研究

2.2.1　灌丛生物量研究

　　针对一些灌丛生物量的研究中，Whittaker（1962）对森林生物量进行研究时，涉及了灌丛群落生物量，随后 Whittaker 对美国大烟山灌丛的净生产力进行了研究；Olson 等(1981)为探明林下植物生物量，在美国华盛顿中部对洋松林林下的灌丛和草本生物量进行了调查。由于灌丛生长矮小且种类繁多，没有受到重视，因此早期对灌丛生物量的研究比较少。但在近些年来，由于受到全球气候变化影响以及植物入侵导致的植被演替引起了北半球区域碳储量的变化，灌丛生物量研究成了学者们关注的新焦点。因此，对灌丛生物量的研究开始逐渐增多，如Moore 等(2002)对加拿大渥太华泥炭地的人工灌丛生物量进行研究；Cerrillo 等(2006)在西班牙南部对其灌丛群落地上生物量进行估测；Shoshany(2012)在对以色列半干旱地区灌丛进行调查时，结合遥感技术对该地区灌丛地上生物量进行了估算。我国对于灌丛生物量方面最早的研究始于 1982 年姜凤岐等(1982)在内蒙古半干旱沙地灌丛地带对小叶锦鸡儿灌丛地上生物量预测模型进行的调查研究。随后上官铁梁等(1989)、戴晓兵(1989)等也陆续地开展了灌丛的生物量、生产力、物种多样性以及生态学特征等方面的研究。由于我国对灌丛生物量方面的研究起步比国外晚，因此，在 20 世纪 80 年代，国内对于灌丛生物量的研究并不多见。从 20 世纪 90 年代开始，国内学者对灌丛生物量的研究逐渐重视，并随着研究区域的增加，研究的灌丛种类也有所增加。而且，对于灌丛生物量估测模型的探讨和建模方法的改进也进行了大量的研究。

2.2.2　灌丛面积研究

王瑾等(2013)在对俊河流域的高寒灌丛进行研究时得出结论，俊河流域高寒灌丛面积在 10 年尺度上具有一定的波动性，俊河流域高寒灌丛面积变化与该区域的温度和降水变化没有直接的相关关系，但与蒸发量与降水量的比值成反相关。俊河流域高寒灌丛面积变化与整个青海湖流域的干旱强度变化相关，干旱强度增大，高寒灌丛分布面积减小；反之，干旱强度减小，高寒灌丛面积增加。王莉雯等(2008)在对青海省覆盖进行研究时指出：青海省从 2001 到 2006 年，高山地稀疏灌丛的面积增加了 1 152km^2。

2.2.3　灌丛碳密度的研究

高巧等(2014)在对四川省甘孜藏族自治州高寒矮灌丛进行碳密度估算时指出：灌木层的碳密度最大，草本层其次，最低的是凋落物层。不同物种相同器官和相同物种不同器官之间的含碳率都是存在差异的，且含碳率通常达不到 50%(宋永昌，2001；侯琳等，2009)。

2.3　灌丛的分布规律研究

2.3.1　灌丛分布的影响因素

　　对于灌丛分布的影响因素，淮虎银等(1996、1997)研究青海湖湖盆南部高寒灌丛，分析了该区域的高寒灌丛植物群落组成，结果表明：气候和地形条件是影响青海湖湖盆南部高寒灌丛分布的主要因素。于应文等(1999)对东祁连山金强河地区的高寒灌丛的植被类型和生态地理分布等进行了调查研究，指出坡向、坡度和海拔是限制这一地区高寒灌丛群落分布的主要因素。陈桂琛等(1995)阐述了祁连山森林和灌丛的分布具有水平区域分异和垂直变化特征，说明该地区高寒灌丛分布具有明显的坡向性。陈桂琛等(2001)利用遥感数据对湟水地区森林灌丛植被进行了分析，得出生境的干湿状况直接影响天然林的分布特征、森林灌丛植被覆盖率的高低、森林的类型结构和种类组成，且森林灌丛植被具有人类活动的明显痕迹。

2.3.2　灌丛分布规律及空间格局

　　许多学者通过样方调查和地统计学的方法对灌丛沙堆分布及其空间格局进行研究。贾晓红等(2008)对腾格里沙漠东南缘的白刺灌丛沙堆研究表明，不同生境条件下，白刺沙堆斑块大小和分布存在明显差异，湖盆低地的沙堆趋于大斑块小密度，空间自相关距离较长，而山前冲积扇区相反。对黑河流域的泡泡刺灌丛沙堆研究认为，其空间分布格局主要受降水量及地表径流影响(何志斌等，2004)，戈壁生境中的灌丛沙堆趋向于斑块小、密度大，而沙漠生境中的结果相反(刘冰等，2008；李秋艳等，2004)。遥感技术也被应用到灌丛沙堆调查中。Rango等(2000)采用激光扫描雷达遥感探测技术对新墨西哥南部的灌丛沙堆及其丘间地的三维形态进行研究，发现其测量精度可达到地学需要的精度，同时激光雷达扫描和多光谱遥感数据结合，能够提供难以从地面调查获得的数据。在野外调查和遥感解译的同时，Nield等(2008)利用元胞自动机原提出了灌丛沙堆的发育过程模型，模拟沙堆形态对于沙源变化、植被分布、植被生长密度和特征等的响应，模型中加入植被空间和时间尺度变化，这种模型能很好地反映地貌过程和生态过程之间的复杂作用，并有助于解释不同时间和空间尺度上生态学和地貌学过程。王莉雯等(2008)在对青海省覆盖进行研究时，指出青海省灌丛主要分布在中山地、高山地和极高山地。李晓媛(2011)在对新疆艾比湖周边灌丛沙堆进行研究时，提到艾比湖周边的灌丛沙堆从植被类型上的分布显示出一定的规律性，即灌丛沙堆的植被类型随与湖滨的距离变化而变化。盐节木沙堆的分布距离湖滨最近，随离湖距离的增加，由盐节木沙堆渐变为白刺沙堆，在离湖滨更远的区域，则由白刺沙堆渐变为梭梭沙堆。

通过对文献的分析，可以初步得出以下结论：

(1)从灌丛研究的前期准备来看，需要准确从遥感影像上提取灌丛，将各种方法融会贯通，必要时采取目视解译，许多学者做了类似的研究，但集中于林地，对灌丛的提取研究较少。

(2)从灌丛与其他土地覆被的关系来看，林地和耕地常常会转换为灌丛，许多学者对此做了研究，但只是提出观点，尚缺乏准确的数据来说明问题。

(3)从灌丛特性方面的研究来看，对灌丛生物量的研究较多，利用遥感研究已成为普遍趋势。对灌丛碳密度的研究尚处于起步阶段。对灌丛面积的研究局限于转移趋势的研究。其他方面的研究较少。

(4)从灌丛的分布规律研究来看，许多学者侧重于灌丛分布影响因素的研究，对灌丛自身的分布规律与格局研究得不是很深入，一般局限于局部，对于大面积范围的研究较少。

第 3 章　研究区概况

四川省地处中国西部，是西南、西北和中部地区的重要结合部，是承接华南华中、连接西南西北、沟通中亚南亚东南亚的重要交汇点和交通走廊。辖区面积48.6 万平方千米，居中国第 5 位，辖 21 个市(州)、183 个县(市、区)，是我国的资源大省、人口大省、经济大省。

3.1　地理位置和自然状况

3.1.1　地形

四川省位于我国大陆地势三大阶梯中的第一级和第二级，即处于第一级青藏高原和第二级长江中下游平原的过渡带，高低悬殊，西高东低的特点特别明显。西部为高原、山地，海拔多在 3 000m 以上；东部为盆地、丘陵，海拔多在 500～2 000m。全省可分为四川盆地、川西高山高原区、川西北丘状高原山地区、川西南山地区、米仓山大巴山中山区五大部分。四川地貌复杂，以山地为主要特色，具有山地、丘陵、平原和高原 4 种地貌类型，分别占全省面积的 74.2%、10.3%、8.2%、7.3%。土壤类型丰富，共有 25 个土类、63 个亚类、137 个土属、380个土种，土类和亚类数分别占全国总数的 43.48% 和 32.60%。

3.1.2　气候

四川省地处我国青藏高原向东部平原过渡地带，气候复杂多样，东部盆地属亚热带湿润气候，西部高原在地形作用下，以垂直气候带为主，从南部山地到北部高原，由亚热带演变到亚寒带，垂直方向上有亚热带到永冻带的各种气候类型。

四川省基本气候特点是：季风气候明显，雨热同季；区域表现差异显著，东部冬暖、春早、夏热、秋雨、多云雾、少日照、生长季长，西部则寒冷、冬长、基本无夏、日照充足、降水集中、干湿季分明；气候垂直变化大，气候类型多，有利于农、林、牧综合发展；气象灾害种类多，发生频率高、范围大，特别是干旱、暴雨、洪涝和低温等经常发生。

3.1.3　土地

全省土地资源分为 12 个一级利用类型，57 个二级利用类型。土地利用现状以林牧业为主，林牧地集中分布于盆周山地和西部高山高原，占总土地面积的 68.9%；耕地则集中分布于东部盆地和低山丘陵区，占全省耕地的 85% 以上；园地集中分布于盆地丘陵和西南山地，占全省园地的 70% 以上；交通用地和建设用地集中分布在经济较发达的平原区和丘陵区。

3.1.4　矿产资源

四川省成矿地质条件优越，矿产资源总量丰富且种类较齐全。具有查明资源储量的矿种 101 种、矿区 2 219 处，其中有 57 种矿产的保有资源储量位居全国前 5 位，钛、钒、锂、轻稀土、岩盐、芒硝等 14 种矿产储量居全国首位。全省矿产资源供应能力明显增强，已成为西部乃至全国的矿物原材料生产和加工大省。

3.1.5　水资源

四川省水资源丰富，居全国前列。全省降水量大，多年平均降水量约为 4 739.86 亿立方米。四川省水资源以河川径流最为丰富，境内流域面积 50km^2 及以上河流共有 2 816 条，号称"千河之省"。水资源总量约为 2 616 亿立方米（其中地下水资源量 616 亿立方米），可开采量为 149 亿立方米。

3.1.6　动植物资源

四川省动植物资源丰富，有许多珍稀、古老的动植物种类，是全国乃至世界珍贵的生物基因库之一。

植物种类异常丰富。全省有高等植物近 1 万种，分属 232 科 1 600 属。其中裸子植物种类数量居全国第一位，被子植物种类数量居全国第二位。全省有国家重点保护野生植物 63 种，包括国家一级保护野生植物 14 种，国家二级保护野生植物 49 种。截至 2012 年末，全省森林覆盖率为 35.3%，木材蓄积量居全国第二。

动物资源丰富。全省有脊椎动物近 1 300 种，占全国总数的 45% 以上，居全国第二位。其中，国家重点保护野生动物 145 种，包括国家一级保护野生动物 32 种、国家二级保护野生动物 113 种。全省野外大熊猫数量为 1 206 只，占全国总数的 76%，其种群数量居全国第一。动物中可供积极利用的种类占 50% 以上。

四川省雉类资源也极为丰富，雉科鸟类达 20 种，占全国雉科总数的 40%，其中有许多珍稀濒危雉类，如雉鹑、四川山鹧鸪、绿尾虹雉等。近年来，四川省境内新记录到鸟类 19 种。

湿地面积广阔。我省湿地生态系统包括沼泽、湖泊、河流和库塘等类型，全省湿地总面积 421 万公顷，占辖区面积的 8.7%。其中河流湿地面积约 56.4 万公顷，主要包括金沙江、雅砻江、大渡河、岷江、沱江、嘉陵江等长江上游重要的干流和支流；沼泽湿地总面积 143.2 万公顷，主要分布在阿坝州和甘孜州的高寒地区。

3.1.7　旅游资源

四川省旅游资源丰富，拥有美丽的自然风景、悠久的历史文化和独特的民族风情，旅游资源数量和品位均在全国名列前茅，是我国著名的旅游资源大省。

全省有世界遗产 5 处，其中：自然遗产 3 处（九寨沟、黄龙、四川大熊猫栖息地），自然和文化双重遗产 1 处（峨眉山—乐山大佛），文化遗产 1 处（青城山—都江堰）。列入联合国《世界生物圈保护区》的有 4 处（九寨、卧龙、黄龙、稻城亚丁）。拥有国家级风景名胜区 15 处，省级风景名胜区 75 处。青城山—都江堰、峨眉山、九寨沟成为首批国家 5A 级旅游景区。四川省共有 A 级旅游景区 255 个，中国优秀旅游城市 21 座。共有国家级自然保护区 27 个，省级自然保护区 70 个。卧龙、蜂桶寨、喇叭河、草坡、鞍子河、黑水河 6 个大熊猫自然保护区作为大熊猫世界自然遗产地最精华区域，也已进入世界自然遗产名录。全省共有国家级森林公园 31 处，省级森林公园 54 处。四川省地质构造复杂、地质地貌景观丰富，已发现地质遗迹 220 余处，有兴文和自贡 2 处世界级地质公园，国家级地质公园 14 处，其数量居全国前列。全省有国家级历史文化名城 8 个，有全国重点文物保护单位 127 处，省级文物保护单位 1 061 处。

3.2　社会经济概况

3.2.1　人口统计

2012 年年末，全省常住人口 8 076.2 万人，比上年末增加 26.2 万人。其中，城镇人口 3 515.6 万人，乡村人口 4 560.6 万人，城镇化率 43.53%，比上年提高 1.7 个百分点。全年出生人口 79.73 万人，人口出生率 9.89‰，比上年上升 0.1 个千分点；死亡人口 55.79 万人，人口死亡率 6.92‰；人口自然增长率 2.97‰。

3.2.2　民族及民族分布

四川省为多民族聚居地，有 55 个少数民族，490.8 万人。彝族、藏族、羌族、苗族、回族、蒙古族、土家族、傈僳族、满族、纳西族、布依族、白族、壮族、傣族为省内世居少数民族。四川省是全国唯一的羌族聚居区、最大的彝族聚居区和全国第二大藏区。少数民族主要聚居在凉山彝族自治州、甘孜藏族自治州、阿坝藏族羌族自治州及木里藏族自治县、马边彝族自治县、峨边彝族自治县、北川羌族自治县。

3.2.3　教育

2012 年，全省共有各级各类学校 2.6 万所，在校生（学历教育）1 579.9 万人，教职工 95.8 万人，其中专任教师 79.6 万人。

(1)义务教育。全省小学 8 586 所，招生 101.0 万人，在校生 560.7 万人；初中 3 908 所，招生 98.8 万人，在校生 304.2 万人；特殊教育学校 113 所，招生 8 398 人，在校生 4.4 万人。

(2)中等及职业教育。全省普通高中 735 所，招生 52.2 万人，在校生 151.7 万人。中等职业教育 630 所，招生 54.4 万人，在校生 139.9 万人。职业技术培训注册学员 279.3 万人（次）。

(3)高等教育。全省普通高校 99 所，普通本(专)科在校生 122.4 万人，增长 7.4%；毕业生 28.7 万人。研究生培养单位 40 个，招生 27 553 人，在校生 85 626 人，毕业生 22 198 人。

(4)成人教育。全省成人高等教育本(专)科在校生 33.0 万人；成人中学在校生 4.9 万人；参加学历教育自学考试 66 万人。

3.2.4　科技

2012 年年末，全省拥有在川国家级重点实验室 12 个、省部级重点实验室 148 个，国家级工程技术研究中心 14 个、省级工程技术研究中心 122 个；全省有中国科学院院士 26 人、中国工程院院士 34 人；2012 年共登记技术合同 11 600 项，成交金额 119 亿元；完成省级科技成果登记 1 010 项；2012 年，全省共申请专利 66 312 件，专利授权 42 220 件，其中新增专利实施项目 5 487 项，新增产值 866.49 亿元。

3.2.5　文化

2012 年年末,全省拥有文化系统内艺术表演团体 68 个,艺术表演场所 45 个,文化馆 205 个,文化站 4 600 个,公共图书馆 171 个。拥有国家级文化产业示范基地 13 个,省级文化产业示范基地 33 个。全年摄制电视剧 6 部,电影故事片 11 部。

全省博物馆纪念馆免费开放工作进入常态,2012 年共接待观众 3 597 万人次。2012 年末全省共有国家级非物质文化遗产名录数量 120 项,省级非物质文化遗产名录数量 460 项。

广播、电视综合覆盖率进一步提高。2012 年末拥有无线广播电台 8 座,电视台 8 座,广播电视台 158 座,中短波发射台和转播台 37 座。广播综合覆盖率 96.8%,比上年提高 0.2 个百分点;电视综合覆盖率 97.8%,比上年提高 0.1 个百分点。有线电视用户达 1 396.4 万户,比上年增加 56.1 万户。

3.2.6　经济

2012 年,全省生产总值达到 23 849.8 亿元,增长 12.6%。全省人均地区生产总值 29 579 元,增长 12.3%。全省城镇居民人均可支配收入 20 307 元,农民人均纯收入 7 001 元,分别增长 13.5% 和 14.2%。

2012 年,第一产业增加值 3 297.2 亿元,增长 4.5%;第二产业增加值 12 587.8 亿元,增长 15.4%;第三产业增加值 7 964.8 亿元,增长 11.2%。三次产业对经济增长的贡献率分别为 4.7%、64.9% 和 30.4%。人均地区生产总值 29 579 元,增长 12.3%。三次产业结构由上年的 14.2∶52.4∶33.4 调整为 13.8∶52.8∶33.4。

2012 年,全省粮食作物播种面积比上年增长 0.4%。油料作物播种面积 124.76 万公顷,增长 1.2%;药材播种面积 10.18 万公顷,增长 3.0%;蔬菜播种 124.61 万公顷,增长 3.4%。

2012 年,全年粮食总产量比上年增长 0.7%。其中,小春粮食产量增长 1.8%;大春粮食增长 0.5%。经济作物中,油料产量 286.6 万吨,增长 2.9%;烟叶产量 27.4 万吨,增长 10.1%;蔬菜产量 3 764.7 万吨,增长 5.3%;茶叶产量 21.0 万吨,增长 12.9%;水果产量 808.1 万吨,增长 5.3%;药材产量 41.3 万吨,增长 6.7%。

养殖业中大牲畜生产逐步向好,小家禽保持健康发展。全年生猪出栏增长 2.4%,牛出栏增长 1.2%,羊出栏增长 0.8%,家禽出栏增长 7.0%,兔出栏增长 5.4%。禽蛋及牛奶产量分别增长 1.1% 和 0.7%。

林业生产持续快速发展。2012 年全年完成荒山、荒（沙）地造林 19.33 万公顷。其中，完成天然林资源保护工程 5.2 万公顷，完成退耕还林工程 1.67 万公顷；年末实有森林管护面积 1 771.0 万公顷。年末全省共有湿地公园 19 个，其中省级湿地公园 9 个（2012 年新批建 1 个），国家级湿地公园 10 个（2012 年新批建 3 个）。年末森林覆盖率 35.3%，比上年提高 0.2 个百分点。渔业生产稳定发展。全年水产养殖面积 19.1 万公顷，比上年增长 1.1%；水产品产量 118.9 万吨，增长 6.0%。

农业生产条件继续改善。全年新增农田有效灌溉面积 8.1 万公顷，年末有效灌溉面积 266.8 万公顷。新增综合治理水土流失面积 2 340 km²，累计 67 702 km²。新解决饮水困难人口 497 万人。新增农业机械总动力 268 万千瓦，年末农业机械总动力 3 694 万千瓦，增长 7.8%。全年农村用电量 156.0 亿千瓦小时，增长 5.0%。

2012 年，全省实现全部工业增加值 10 800.5 亿元，比上年增长 15.6%，对经济增长的贡献率为 56.9%。季度审批后新建投产规模以上工业企业 369 户，年末规模以上工业企业户数 12 576 户。全年规模以上工业增加值增长 16.1%。全年规模以上工业企业实现主营业务收入 31 065.7 亿元，增长 13.3%。实现利税总额 3 892.1 亿元，增长 20.0%。盈亏相抵后实现净利润 2 142.7 亿元，增长 22.7%。其中，国有控股工业企业实现净利润 559.2 亿元，增长 11.4%；股份制企业 1 457.0 亿元，增长 20.2%；外商及港澳台投资企业 282.7 亿元，增长 44.8%。工业经济效益综合指数 269.4。

2012 年，全省地方公共财政收入 2 421.3 亿元，比上年增长 18.4%；其中税收收入 1 827.2 亿元，增长 18.8%。地方公共财政支出 5 431.1 亿元，增长 16.2%。

3.2.7　环境保护

2012 年，全省扶持新能源、节能环保产业领域发展项目共计 97 个，支持资金 5.8 亿元；争取中央财政淘汰落后产能奖励资金 2.8 亿元和关闭落后小企业补助资金 1.93 亿元；获得国家节能资金补助 4.3 亿元；全面完成 433 户企业淘汰落后产能任务；全年单位 GDP 能耗下降 7.18%。2012 开展环境污染治理项目 263 个，企业预算总投资 18.7 亿元，省级环保专项补助资金 1.4 亿元。在环境污染治理中，开展工业污染治理项目 203 个，总投资 18.2 亿元，省级环保专项补助资金约 1.2 亿元，省政府限期治理的 100 户工业污染企业按期完成限期治理任务。32 条重点小流域治理全面展开，依法新划定 6 个城市集中式饮用水水源保护区。2012 年年末，全省自然保护区 167 个，面积 901 万公顷，占全省土地面积的 18.6%。国家级生态县 7 个，省级生态县 24 个。

第4章 研究方法

4.1 数据来源

研究所用的遥感影像数据(图 4-1)主要是中巴地球资源卫星(CBERS)数据和 TM 影像数据，首先对这两种数据进行一些相关的介绍。

(a)CBERS 影像   (b)TM 影像

图 4-1　遥感影像

1. CBERS 系列卫星

CBERS 即中巴资源卫星(China-Brazil Earth Resource Satellite)，1999 年 10 月 CBERS-1 发射，2003 年 11 月 CBERS-2 发射。该卫星的特点有以下几个方面：

(1)20m 分辨率的 5 谱段 CCD(charge coupled device)相机，其采用推帚式扫描，扫描宽度 113km；

(2)80m 分辨率的 3 波段多光谱扫描仪(MSS)，扫描宽度 120km；

(3)160m 分辨率的 1 个波段热红外扫描仪，扫描宽度 120km；

(4)256m 分辨率的 2 个波段宽视场成像仪(WFI)，扫描宽度 890km；

(5)重复观测周期是 26 天，由于 CCD 相机具有侧视功能，观测同一地区的最短周期可以为 3 天。

2. TM 数据

TM 影像数据来自美国的 Landsat 卫星，其每幅覆盖地面面积为 185km×185km，像元空间分辨率为 30m，共有 7 个波段。

4.2 数据预处理

4.2.1 几何校正

卫星传感器获得的原始数据，由于受卫星扰动、地形起伏、天气变化、大气散射、反射等多种因素的影响会产生误差，只有经过精确校正后的遥感影像才能保证进一步处理的有效性。从卫星获取的遥感影像存在的误差可以归纳为系统性畸变和随机性畸变两种，系统性畸变一般由卫星地面接收单位进行校正，随机性畸变需要用户进行校正处理，即为几何精校正。几何校正处理过程如图 4-2 所示。

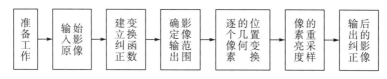

图 4-2　几何校正流程

准备工作：影像数据、地图资料、大地测量成果、航天器轨道参数和传感器的收集分析以及所需控制点的选择和量测等。

输入原始影像：按规定格式输入 ERDAS 9.1 软件。

纠正变换函数的建立：纠正变换函数用以建立影像坐标和地面或地图坐标间的数学关系，即输入影像与输出影像间的坐标变换关系。纠正变换函数有多项式法、共线方程法等多种方法。纠正变换函数中有关的参数，可利用控制点数据来求取，也可利用某些可预测的参数，如卫星轨道参数，传感器姿态参数等来直接构成。

纠正后影像的输出：可以利用图像输出装置直接从计算机产生各种形式的输出影像。

研究中，基于 ERDAS 9.1 软件图像校正功能，参照 1：5 万的成都市地形图选取地面控制点对研究区域的影像进行校正。

4.2.2 影像镶嵌

四川省跨多景遥感数据，必须对其进行影像镶嵌处理。在 ENVI 中根据影像镶嵌功能进行镶嵌，即在 Map 菜单下的 Mosaicking 中进行。镶嵌结果显示，灰度值发生了较大的变化，即由 0~255 变为 64~247，这为后期的数据分析带来了不便。为解决这一问题，利用 IDL 编写了一段小程序来实现灰度值的复位。具体程序如下所示：

```
pro tran
file1=filepath('z2c10. tif', subdirectory='1')
red1=read _ image(file1, image _ index=index)
x1=max(red1)
y1=min(red1)
hong=float(red1−y1) * 255/(x1−y1)
write _ tiff,'red2. tif', hong
end
```

4.2.3　影像配准

"影像配准"指的是通过一系列坐标变换,使将要融合的两幅影像在空间域达到几何位置的完全对应。在遥感影像处理过程中,对于大量从卫星、飞机的传感器和其他摄像器材上得到的多幅影像数据,有必要对其进行分析和比较,包括影像的统计模式识别、影像融合、变化检测、三维重构和地图修正等。分析多影像时所做的一个隐含的假设就是认为各幅影像是对准了的。然而,得到的原始多幅影像数据一般存在相对的几何差异和辐射差异,这就要求在分析之前对影像进行配准。对于各种各样的匹配定位方法,按其利用影像信息的不同,可划分为两类:一类是直接基于影像灰度信息如单个像元或一定区域内像元灰度信息的匹配定位方法;另一类是基于影像特征空间信息如边缘轮廓信息,变换域信息等的匹配定位方法。

配准一般包括两个步骤:第一步是选择足够数量的配准控制点;第二步是将待匹配的两幅影像中的一幅作为参考影像,另一幅作为配准影像,把配准影像变换之后与参考影像进行配准以便比较和分析。

研究应用 ERDAS 9.1 影像配准功能对所使用的遥感影像进行配准。各最终数据坐标系统如下所示:

Geographic Coordinate System:GCS _ Beijing _ 1954

Datum:D _ Beijing _ 1954

Prime Meridian:Greenwich

Angular Unit:Degree

4.2.4　影像融合

研究所用融合方法为像素级影像融合中的小波变换算法,这一方法在作者研究 TM 与 CBERS 影像进行融合的结果中是最佳方法。融合后结果如图 4-3 所示。

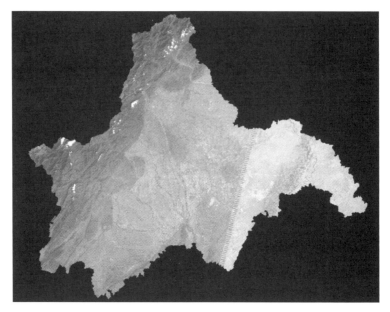

图 4-3　成都市 CBERS 和 TM 影像融合图

4.2.5　灌丛信息提取

监督分类又被称为训练区分类，其最基本的特点是在分类前要利用对研究区域的调查资料，从已知训练样区得出实际地物的统计资料，然后再利用统计资料作为影像分类的判别依据，并按照一定的判别准则对所有图像像元进行判别处理，使得具有相似特征并满足一定识别规则的像元归为一类。其主要步骤包括确定感兴趣的类别数、特征变换和特征选择、选择训练样区、进行模式分类。本书要应用监督分类中的最大似然法(图 4-4)对研究区域进行分类。最大似然比判决分类方法是建立在贝叶斯准则基础上的，其分类错误概率最小，是风险最小的判决分析。

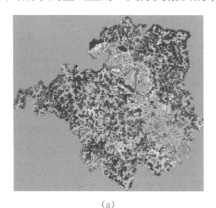

(a)

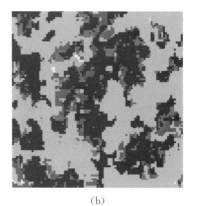

(b)

图 4-4　最大似然法全局(a)与局部(b)

本书应用 ENVI 5.0 对遥感影像进行最大似然法的分类，步骤：①打开影像，利用 Basic Tools→Region of Interest→ROI Tool 工具进行感兴趣区域的选取；②利用 classification→supervised→maximum likelihood 对图像进行最大似然法的分类。

分类的精度主要采用实际对比法进行控制，取不同的斑块和 Google Earth 上的高清影像进行对比，同时进行了实地验证，总的精度达到了 87%。

4.2.6　坡度、海拔、坡向处理

分别从四川省 90m 分辨率的 DEM(数字高程模型)(图 4-5)中提取出坡度(图 4-6)、海拔(图 4-7)和坡向(图 4-8)数据，并按照其分级标准进行重分类，最后通过区域统计方法将其放置在四川省灌丛的矢量数据表(图 4-9)当中。坡度分为七级，因灌丛分布的级别在后面三级分布的面积很少，所以坡度汇总为五个级别，如表 4-1 所示。坡向的描述有定性和定量两种方式，定量是以东为 0°，顺时针递增，南为 90°，西为 180°，北为 270°，范围为 0°～359°59′59″。定性描述有 8 方向法和 4 方向法：8 方向为东、东南、南、西南、西、西北、北、东北；4 方向法有阴坡、半阴坡、阳坡、半阳坡。本书主要应用 4 方向法来进行坡向分级。

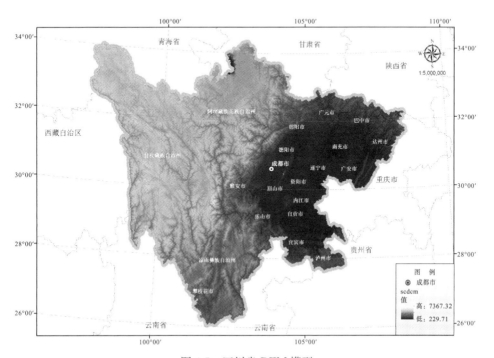

图 4-5　四川省 DEM 模型

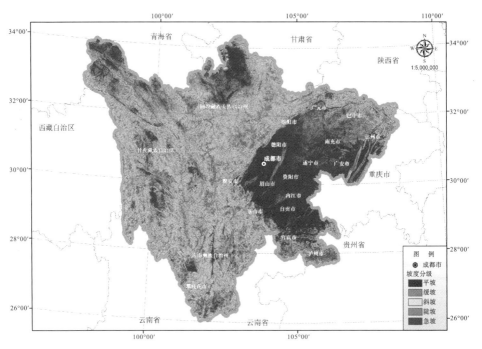

图 4-6　四川省坡度分级图

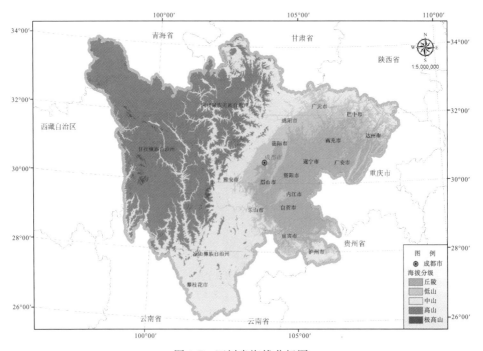

图 4-7　四川省海拔分级图

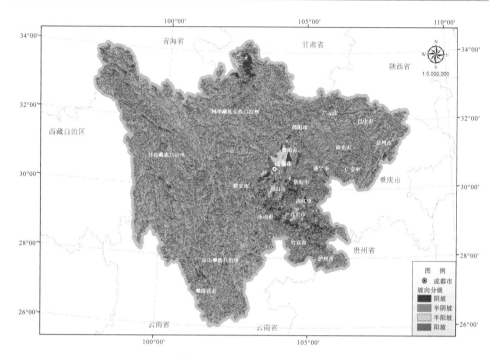

图 4-8 四川省坡向分级图

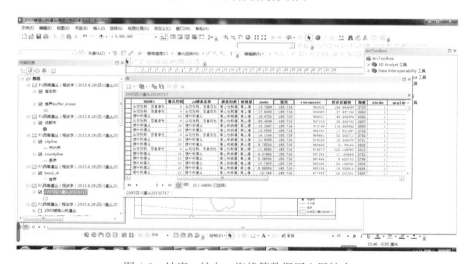

图 4-9 坡度、坡向、海拔等数据写入属性表

表 4-1 坡度分级标准

级别	一级	二级	三级	四级	五级
名称	平坡	缓坡	斜坡	陡坡	急坡
范围	0°~5°	6°~15°	16°~25°	26°~35°	>35°

坡向如图 4-8 所示：分为阳坡（坡向向南，包括 135°～225°）、阴坡（坡向向北，包括 315°～45°）、半阳坡（坡向向东南或西南偏南，包括 90°～135°和 225°～270°）、半阴坡（坡向西北或东北偏北，包括 45°～90°和 270°～315°）。坡向分为四级，如表 4-2 所示；海拔分为五级，如表 4-3 所示。

表 4-2　坡向分级标准

级别	一级	二级	三级	四级
名称	阳坡	阴坡	半阳坡	半阴坡
范围	135°～225°	315°～45°	90°～135°和 225°～270°	45°～90°和 270°～315°

表 4-3　海拔分级标准

级别	一级	二级	三级	四级	五级
名称	丘陵	低山	中山	高山	极高山
范围	<500m	500～1 000 m	1 000 ～3 500 m	3 500 ～5 000 m	>5 000 m

4.2.7　插值处理

研究中主要对降雨量和温度数据进行了插值处理，插值处理的主要方法是克里金方法，栅格输出大小为 200m×200m。本书以温度数据为例来描述整个处理过程。克里金法假定采样点之间的距离或方向可以反映可用于说明表面变化的空间相关性。克里金法工具可将数学函数与指定数量的点或指定半径内的所有点进行拟合以确定每个位置的输出值。克里金法是一个多步过程，它包括数据的探索性统计分析、变异函数建模和创建表面，还包括研究方差表面。

由于克里金法可对周围的测量值进行加权以得出未测量位置的预测，因此它与反距离权重法类似。这两种插值器的常用公式均由数据的加权总和组成，即

$$\hat{Z}(s_0) = \sum_{i=1}^{N} \lambda_i Z(s_i)$$

其中，$Z(s_i)$ 为第 i 个位置处的测量值；λ_i 为第 i 个位置处的测量值的未知权重；s_0 为预测位置；N 为测量值数。

在反距离权重法中，权重 λ_i 仅取决于预测位置的距离。但是，使用克里金方法时，权重不仅取决于测量点之间的距离、预测位置，还取决于基于测量点的整体空间排列。要在权重中使用空间排列，必须量化空间自相关。因此，在普通克里金法中，权重 λ_i 取决于测量点、预测位置的距离和预测位置周围的测量值之间空间关系的拟合模型。

普通克里金法是最普通和广泛使用的克里金方法，是一种默认方法。该方法假定恒定且未知的平均值。如果不能拿出科学根据进行反驳，这就是一个合理假设。本书所使用的方法主要为普通克里金法。

第一步，对气象站点数据进行整理，如图 4-10 所示，对 2004 年度四川省的气象数据进行分类整理，找出每一个站点对应的坐标位置，然后放置在相应的记录上，接着将 Excel 表格用 ArcGIS 读入，将其温度数据进行显示。

第二步，对由 Excel 表格转换为矢量的数据进行插值处理，主要使用克里金插值方法。插值结果如图 4-11 所示。

第三步，将转换的结果转为整型数据(图 4-12)并进行栅格转面(图 4-13)操作。

第四步，对灌丛数据进行相交分析处理(图 4-14)并进行表的链接(图 4-15)处理，最后可将温度数据放置在每一个记录当中，降雨量的处理(图 4-16)方法相同，如图 4-17 所示。

图 4-10　气象站点数据整理

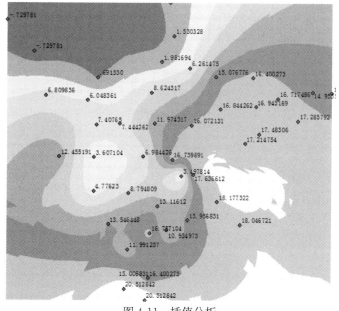

图 4-11　插值分析

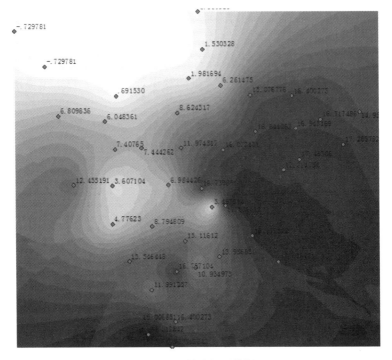

图 4-12   转为整型数据

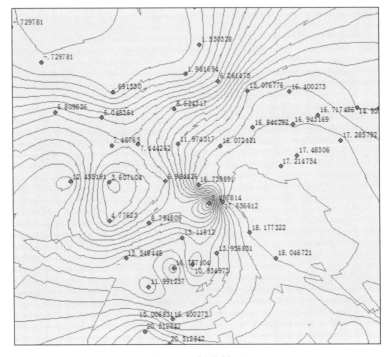

图 4-13   栅格转面

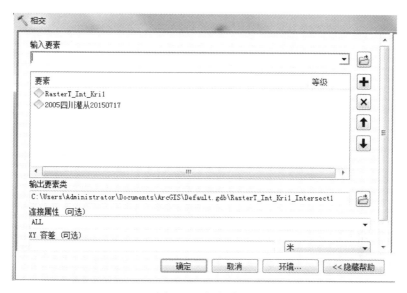

图 4-14   相交分析

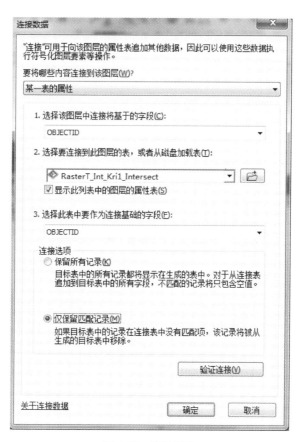

图 4-15   表的链接

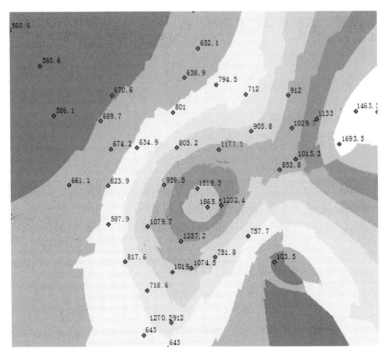

图 4-16　降雨量插值结果

图 4-17　降雨量、温度等数据写入属性表

4.2.8　灌丛面积校正处理

以往的灌丛面积通常使用垂直投影的平面面积，和灌丛的实际面积尚有一定的差距。本书应用余弦定理对灌丛的面积进行了坡度上的校正，使得所算出来的面积更接近于灌丛的真实面积，对于正确研究灌丛的分布规律有一定的推进作用。

具体操作方法是依据坡度值并应用余弦定理计算每一图斑的余弦值，然后用实际面积乘以余弦值得到斑块的实际面积。但坡度主要使用了图斑的平均坡度，对于面积较大的图斑来说，结果并不是很精确。具体的值都放置到了每一个图斑上，如图 4-18 所示。

灌丛代码	jd群系名称	群系归类	植被型	pudu	坡向	yuxuanzhi	校正后面积	海拔	zbxdm	qxgldm	qxmcdm	坡
8	头花杜鹃、百里花杜	高山杜鹃灌	高山灌	15.7269	185.716	.962602	168.864699	3720	1	11	113	
8	头花杜鹃、百里花杜	高山杜鹃灌	高山灌	17.6668	185.716	.952885	27.957186	3860	1	11	113	
23	硬叶柳灌丛	高山柳类灌	高山灌	18.4726	185.716	.948527	93.266558	4092	1	14	143	
8	头花杜鹃、百里花杜	高山杜鹃灌	高山灌	20.4048	185.716	.937316	39.340752	3857	1	11	113	
23	硬叶柳灌丛	高山柳类灌	高山灌	13.1647	185.716	.973746	116.365542	3930	1	14	143	
23	硬叶柳灌丛	高山柳类灌	高山灌	10.0892	185.716	.984552	17.531397	3722	1	14	143	
8	头花杜鹃、百里花杜	高山杜鹃灌	高山灌	14.1144	185.716	.969841	30.363711	3792	1	11	113	
23	硬叶柳灌丛	高山柳类灌	高山灌	11.9559	185.716	.978329	16.326605	3761	1	14	143	
23	硬叶柳灌丛	高山柳类灌	高山灌	9.79204	185.716	.985446	21.99164	3822	1	14	143	
8	头花杜鹃、百里花杜	高山杜鹃灌	高山灌	11.8892	185.716	.978570	122.148595	3512	1	11	113	
23	硬叶柳灌丛	高山柳类灌	高山灌	4.21864	185.716	.997293	17.165668	3792	1	14	143	
23	硬叶柳灌丛	高山柳类灌	高山灌	9.08556	185.716	.987466	9.622762	3798	1	14	143	
23	硬叶柳灌丛	高山柳类灌	高山灌	10.7905	185.716	.982336	24.194596	3828	1	14	143	
23	硬叶柳灌丛	高山柳类灌	高山灌	9.88933	185.716	.985156	19.533914	3649	1	14	143	
23	硬叶柳灌丛	高山柳类灌	高山灌	12.048	185.716	.977995	22.241531	3565	1	14	143	

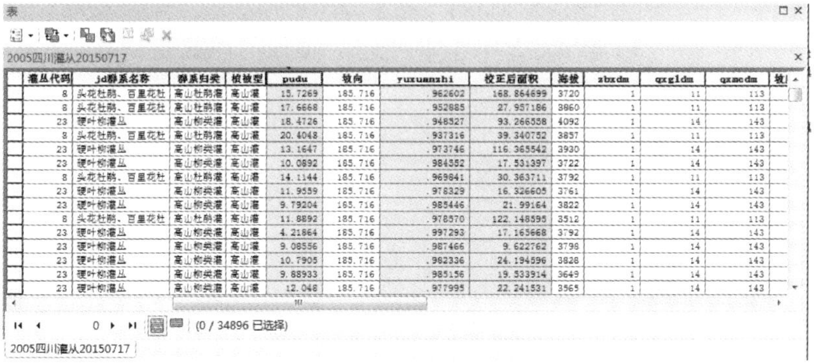

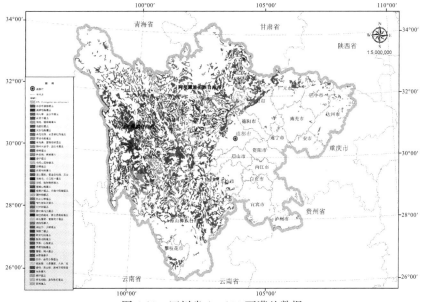

图 4-18　属性表中的进行坡度修正后的图斑面积

4.2.9　灌丛综合解译处理

对于灌丛的实际属性，除了应用监督分类提取外，还结合了土地覆被数据和 1∶100 万的中国植被数据进行了人工交互解译，并应用植被分布的知识对解译的结果进行了修正，最终得到了 2005 年和 2010 年的四川省灌丛矢量数据。所应用的数据如图 4-19 和图 4-20 所示。

图 4-19　四川省 1∶100 万灌丛数据

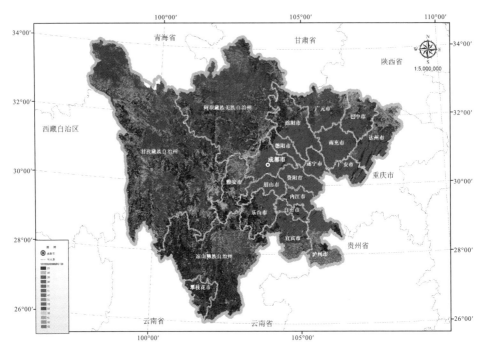

图 4-20　四川省土地覆被数据

4.3　研究方案与技术路线

4.3.1　研究方案

（1）试验区的选取：以整个四川省为试验区。

（2）资料的收集、相关数据库准备和多源遥感数据的预处理：收集 1∶100 万的全国植被图、森林资源二类调查结果、2005 年四川省 1∶10 万土地覆被数据。多源遥感数据的预处理主要包括几何精校正、地形校正、太阳高度角的校正、大气校正、多源遥感影像的归一化校正处理，以及与森林资源数据库的高精度空间配准。

（3）对选取的影像进行影像增强处理，处理方法包括降噪处理和缨帽变换。

（4）采用监督分类对增强后的数据进行分类，并对监督分类的结果与实际调查数据进行对比，同时进行了相关的误差分析。

（5）将海拔、坡度、坡向、降雨量、温度数据进行相应的处理后放置在每条记录后边。同时做面积转换，考虑到坡度对灌丛面积的影响，应用余弦定理等对其进行处理并放置在属性表当中。

（6）对四川省灌丛在海拔、坡度、坡向、降雨量、温度、行政区域的分布规律进行分析。运用标准的分级方法和 GIS 制图功能绘制相应图件。

（7）应用 ArcEngine 二次开发平台和 C♯语言构建四川省灌丛地理信息系统。

（8）对研究结果进行总结，对不足的地方进行讨论。

4.3.2　研究技术路线

研究的技术路线如图 4-21 所示，具体的说明见 4.3.1 节。

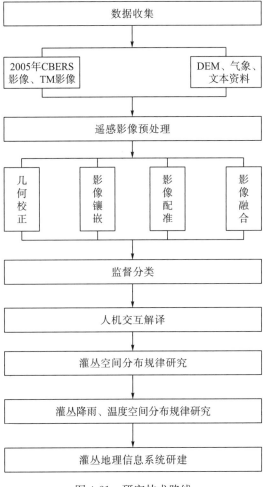

图 4-21　研究技术路线

4.4 灌丛分类体系构建

研究根据分类学理论将整个四川省的灌丛分为三个大的层级：第一层级为灌丛植被型分级，主要分为高山灌丛植被型、河谷灌丛植被型、荒漠灌丛植被型、山地灌丛植被型、亚高山植被型等 5 个类别；第二层级为灌丛群系组分级，主要分为高山杜鹃灌丛等 24 个灌丛类型；第三层级为群系分级，主要分为草原杜鹃等 39 个类别。详细情况如表 4-4 所示。

表 4-4 四川省灌丛类型代码对照详表

一级分类	一级代码	二级分类	二级代码	三级分类	三级代码
高山灌丛	1	高山杜鹃灌丛	11	草原杜鹃灌丛	111
				永宁杜鹃灌丛	112
				头花杜鹃、百里花杜鹃灌丛	113
		高山金露梅灌丛	12	金露梅灌丛	121
		高山锦鸡儿灌丛	13	箭叶锦鸡儿灌丛	131
		高山柳类灌丛	14	毛枝山居柳灌丛	141
				乌饭叶矮柳灌丛	142
				硬叶柳灌丛	143
		高山沙棘灌丛(2010 年缺少)	15	沙棘灌丛	151
		高山鲜卑花灌丛	16	窄叶鲜卑花灌丛	161
		高山香柏灌丛	17	香柏灌木	171
		高山绣线菊灌丛	18	高山绣线菊灌丛	181
河谷灌丛	2	河谷白刺花灌丛	21	白刺花、小马鞍叶灌丛	211
		河谷黄栌灌丛	22	黄栌灌丛	221
		河谷仙人掌灌丛	23	仙人掌、金合欢灌丛	231
		河谷余甘子灌丛	24	余甘子灌丛	241
荒漠灌丛	3	荒漠柽柳灌丛	31	柽柳灌丛	
山地灌丛	4	山地火棘灌丛	41	火棘灌丛	411
		山地栎类灌丛	42	白栎灌丛	421
				茅栗灌丛	422
				栓皮栎、麻栎灌丛	423
		山地马桑灌丛	43	马桑灌丛	431
				黄荆灌丛	432

续表 1

一级分类	一级代码	二级分类	二级代码	三级分类	三级代码
山地灌丛	4	山地南烛灌丛	44	南烛、矮杨梅灌丛	441
				红檵木	442
		山地蔷薇灌丛	45	绢毛蔷薇、匍匐枸子灌丛	451
				蔷薇、枸子灌丛	452
		山地盐肤木灌丛	46	盐肤木、云南山蚂蝗灌丛	461
				盐肤木灌丛	462
		山地榛子灌丛	47	滇榛灌丛	471
		山地竹叶椒灌丛	48	铁仔灌丛	481
				竹叶椒灌丛	482
		山地胡颓子灌丛	49	胡颓子灌丛	491
亚高山灌丛	5	亚高山山地盘松灌丛	51	地盘松灌丛	511
		亚高山杜鹃灌丛	52	黄毛杜鹃、金背枇杷灌丛	521
				亮鳞杜鹃灌丛	522
				淡黄杜鹃灌丛	523
				腋花杜鹃灌丛	524
				腺房杜鹃灌丛	525
				太白、杜鹃灌丛	526
		亚高山栎类灌丛	53	矮高山栎灌丛	531
		亚高山圆柏灌丛	54	玉山圆柏、假金花杜鹃、玉山	541

第5章 四川省主要灌丛空间分布及变化研究

5.1 2005年四川省主要灌丛群系空间分布规律

按照实地调查及综合判读分析得知，四川省的灌丛群系数量共计 39 种，总面积为 6 686 686.96hm²，四川省总面积为 48 500 000hm²，灌丛面积占四川省整体面积的 13.79%。其中分布最多的灌丛群系类型是草原杜鹃灌丛，其面积达到了861 557.27hm²，占比为 12.88%，占全省面积的 1.78%；分布最少的灌丛群系类型为高山绣线菊，面积为 287.54hm²，占比不足 0.01%，具体分布面积见表 5-1。本书分别对其进行不同海拔、不同坡度及不同坡向上分布规律的研究。

表 5-1 灌丛群系面积统计表

灌丛群系类别	面积/hm²	占灌丛面积百分比/%	占全省面积百分比/%
矮高山栎灌丛	157 663.67	2.36	0.325 1
白刺花、小马鞍叶灌丛	183 014.53	2.74	0.377 3
白栎灌丛	242 931.66	3.63	0.500 9
草原杜鹃灌丛	861 557.27	12.88	1.776 4
柽柳灌丛	9 359.23	0.14	0.019 3
淡黄杜鹃灌丛	166 209.93	2.49	0.342 7
地盘松灌丛	43 531.62	0.65	0.089 8
滇榛灌丛	323 070.12	4.83	0.666 1
高山绣线菊灌丛	287.54	0.00	0.000 6
黄荆灌丛	2 140.36	0.03	0.004 4
黄栌灌丛	278 187.26	4.16	0.573 6
黄毛杜鹃、金背枇杷灌丛	56 160.03	0.84	0.115 8
火棘灌丛	189 579.71	2.84	0.390 9
箭叶锦鸡儿灌丛	335.28	0.01	0.000 7
金露梅灌丛	22 156.39	0.33	0.045 7
绢毛蔷薇、匍匐栒子灌丛	278 423.47	4.16	0.574 1
亮鳞杜鹃灌丛	179 309.52	2.68	0.369 7
马桑灌丛	810 703.27	12.12	1.671 6
毛枝山居柳灌丛	4 674.8	0.07	0.009 6
茅栗灌丛	115 767.58	1.73	0.238 7
南烛、矮杨梅灌丛	58 045.4	0.87	0.119 7
蔷薇、栒子灌丛	318 468.64	4.76	0.656 6
沙棘灌丛	5 078.48	0.08	0.010 5
栓皮栎、麻栎灌丛	316 170.72	4.73	0.651 9
太白、杜鹃灌丛	8 479.88	0.13	0.017 5
铁仔灌丛	199.71	0.00	0.000 4

续表 1

灌丛群系类别	面积/hm²	占灌丛面积百分比/%	占全省面积百分比/%
头花杜鹃、百里花杜鹃灌丛	234 788.24	3.51	0.484 1
乌饭叶矮柳灌丛	622 680.73	9.31	1.283 9
仙人掌、金合欢灌丛	18 996.07	0.28	0.039 2
腺房杜鹃灌丛	12 974.49	0.19	0.026 8
香柏灌丛	1 550.5	0.02	0.003 2
盐肤木、云南山蚂蝗灌丛	2 365.93	0.04	0.004 9
盐肤木灌丛	36 207.07	0.54	0.074 7
腋花杜鹃灌丛	297 359.65	4.45	0.613 1
硬叶柳灌丛	130 622.67	1.95	0.269 3
永宁杜鹃灌丛	93 064.73	1.39	0.191 9
余甘子灌丛	35 092.72	0.52	0.072 4
窄叶鲜卑花灌丛	552 875.35	8.27	1.139 9
竹叶椒灌丛	16 602.75	0.25	0.034 2
总计	6 686 687	100.00	13.787 0

5.1.1　灌丛群系不同行政区域上的分布

通过图 5-1、表 5-2 和图 5-2 可知 2005 年灌丛群系在四川省各个市州分布的总体规律。其中分布区域较多的几个市州集中在甘孜州、阿坝州和凉山州，占比分别为 32.77%、24.91% 和 12.07%。分布较少的几个市州分别为遂宁、南充、资阳、自贡等市州，占比分别为 0.000 3%、0.05%、0.07% 及 0.08%。

图 5-1　2005 年灌丛群系行政区域分布总图

表 5-2　灌丛群系行政区域分布面积统计表

分布区域	面积/hm²	占灌丛面积百分比/%
阿坝藏族羌族自治州	1 665 496.62	24.91
巴中市	312 158.95	4.67
成都市	26 212.05	0.39
达州市	61 423.33	0.92
德阳市	28 835.32	0.43
甘孜藏族自治州	2 191 383.48	32.77
广安市	16 342.5	0.24
广元市	375 279	5.61
乐山市	130 303.42	1.95
凉山彝族自治州	807 036.01	12.07
泸州市	328 707.16	4.92
眉山市	117 790.58	1.76
绵阳市	159 200.78	2.38
南充市	3 400.72	0.05
内江市	9 099.1	0.14
攀枝花市	58 669.66	0.88
遂宁市	137.81	0.00
雅安市	210 947.31	3.15
宜宾市	173 755.91	2.60
资阳市	4 950.01	0.07
自贡市	5 557.23	0.08
总计	6 686 686.96	100.00

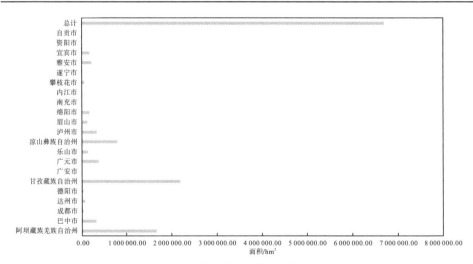

图 5-2　2005 年灌丛群系在行政区域上的分布图

表 5-3 灌丛群系在不同行政区域上的分布面积统计表　　　　　　　　　　　　（单位：hm², %）

灌丛群系		阿坝	巴中市	成都市	达州市	德阳市	甘孜州	广安市	广元市	乐山市	凉山州	泸州市	眉山市	绵阳市	南充市	内江市	攀枝花市	遂宁市	雅安市	宜宾市	资阳市	自贡市	总计
														分布区域									
矮高山栎灌丛	面积						20 221.84			6 116.01	97 773.55								33 552.27				157 663.67
	百分比	0.00	0.00		0.00	0.00	12.83	0.00	0.00	3.88	62.01	0.00	0.00	0.00	0.00	0.00	0.00	0.00	21.28	0.00	0.00	0.00	100.00
白刺花、小马鞍叶灌丛	面积	36 649.99					84 208.17				55 528.98						5 480.63		1 146.77				183 014.53
	百分比	20.03	0.00	0.00	0.00	0.00	46.01	0.00	0.00	0.00	30.34	0.00	0.00	0.00	0.00	0.00	2.99	0.00	0.63	0.00	0.00	0.00	100.00
白栎灌丛	面积				3 492.09					882.21		103 692.62								134 864.74			242 931.66
	百分比	0.00	0.00	0.00	1.44	0.00	0.00	0.00	0.00	0.36	0.00	42.68	0.00	0.00	0.00	0.00	0.00	0.00	0.00	55.52	0.00	0.00	100.00
草原杜鹃灌丛	面积	257 535.32		2 026.13		2 658.65	582 842.59					8 030.89		8 463.68									861 557.27
	百分比	29.89	0.00	0.24		0.31	67.65	0.00	0.00	0.00		0.93		0.98	0.00	0.00	0.00	0.00	0.00	0.00	0.00	0.00	100.00
桎柳灌丛	面积	9 359.23																					9 359.23
	百分比	100.00																					100.00
淡黄杜鹃灌丛	面积						91 690.46				74 519.47												166 209.93
	百分比	0.00	0.00	0.00	0.00	0.00	55.17	0.00	0.00	0.00	44.83	0.00	0.00	0.00	0.00	0.00	0.00	0.00	0.00	0.00	0.00	0.00	100.00
地盘松灌丛	面积									12.91	43 518.71												43 531.62
	百分比	0.00	0.00	0.00	0.00	0.00	0.00	0.00	0.00	0.03	99.97	0.00	0.00	0.00	0.00	0.00	0.00	0.00	0.00	0.00	0.00	0.00	100.00
滇榛灌丛	面积	55 887.39					139 507.59				7 640.09	6 555.95		86 894.77	1 050.31				25 534.01				323 070.12
	百分比	17.30	0.00	0.00	0.00	0.00	43.18	0.00	0.00	0.00	2.36	2.03	0.00	26.90	0.33	0.00	0.00	0.00	7.90	0.00	0.00	0.00	100.00
高山绣线菊灌丛	面积	287.54																					287.54
	百分比	100.00																					100.00
黄荆灌丛	面积				233.38									1 906.98									2 140.36
	百分比	0.00	0.00	0.00	10.90	0.00	0.00	0.00	0.00	0.00	0.00	0.00	0.00	89.10	0.00	0.00	0.00	0.00	0.00	0.00	0.00	0.00	100.00
黄栌灌丛	面积	17 104.02	245 211.01		15 056.53									815.69									278 187.26
	百分比	6.15	88.15	0.00	5.41	0.00	0.00	0.00	0.00	0.00	0.00	0.00	0.00	0.29	0.00	0.00	0.00	0.00	0.00	0.00	0.00	0.00	100.00
黄毛杜鹃、金背枇杷灌丛	面积	4 305.30					514.62					28 516.70		2 461.01				20 362.41					56 160.03
	百分比	7.67	0.00	0.00	0.00	0.00	0.92	0.00	0.00	0.00	0.00	50.78	0.00	4.38	0.00	0.00	0.00	36.26	0.00	0.00	0.00	0.00	100.00
火棘灌丛	面积		1 407.58						15.55	45 331.08	37 618.22	80 863.83				612.12	741.16			19 432.18		3 557.99	189 579.71
	百分比	0.00	0.74	0.00	0.00	0.00	0.00	0.00	0.01	23.91	19.84	42.65	0.00		0.00	0.32	0.39	0.00	0.00	10.25	0.00	1.88	100.00
箭叶锦鸡儿灌丛	面积													335.28									335.28
	百分比	0.00	0.00	0.00	0.00	0.00	0.00	0.00	0.00	0.00	0.00	0.00	0.00	100.00	0.00	0.00	0.00	0.00	0.00	0.00	0.00	0.00	100.00
金露梅灌丛	面积	21 955.46												200.94									22 156.39
	百分比	99.09	0.00	0.00	0.00	0.00	0.00	0.00	0.00	0.00	0.00	0.00	0.00	0.91	0.00	0.00	0.00	0.00	0.00	0.00	0.00	0.00	100.00
绢毛蔷薇、匍匐栒子灌丛	面积	102 506.95					142 622.11				27 835.20			980.40					4 478.81				278 423.47
	百分比	36.82	0.00	0.00	0.00	0.00	51.22	0.00	0.00	0.00	10.00	0.00	0.00	0.35	0.00	0.00	0.00	0.00	1.61	0.00	0.00	0.00	100.00
亮鳞杜鹃灌丛	面积	73 637.37					70 997.70				154.96			7 512.56					27 006.94				179 309.52
	百分比	41.07	0.00	0.00	0.00	0.00	39.60	0.00	0.00	0.00	0.09	0.00	0.00	4.19	0.00	0.00	0.00	0.00	15.06	0.00	0.00	0.00	100.00
马桑灌丛	面积	379 235.34	31 928.66	18 468.77	40 770.20	1 891.17	64 184.84	9.01	107 106.18	13 271.31		8 492.75	23 383.24	57 572.30	975.84	8 486.99		7.14	45 001.95	2 968.33	4 950.01	1 999.24	810 703.27
	百分比	46.78	3.94	2.28	5.03	0.23	7.92	0.001	13.21	1.64		1.05	2.88	7.10	0.12	1.05		0.00	5.55	0.37	0.61	0.25	100.00
毛枝山居柳灌丛	面积	692.90					3 981.89																4 674.80
	百分比	14.82	0.00	0.00	0.00	0.00	85.18	0.00	0.00	0.00	0.00	0.00	0.00	0.00	0.00	0.00	0.00	0.00	0.00	0.00	0.00	0.00	100.00
茅栗灌丛	面积										1 444.09	114 323.50											115 767.58
	百分比	0.00	0.00	0.00	0.00	0.00	0.00	0.00	0.00	0.00	1.25	98.75	0.00	0.00	0.00	0.00	0.00	0.00	0.00	0.00	0.00	0.00	100.00

续表

灌丛群系		分布区域																				总计
		阿坝	巴中市	成都市	达州市	德阳市	甘孜州	广安市	广元市	乐山市	凉山州	泸州市	眉山市	绵阳市	南充市	内江市	攀枝花市	遂宁市	雅安市	宜宾市	资阳市	自贡市	
南烛、矮杨梅灌丛	面积										50 327.25						7 718.15						58 045.40
	百分比	0.00	0.00	0.00	0.00	0.00	0.00	0.00	0.00	0.00	86.70	0.00	0.00	0.00	0.00	0.00	13.30	0.00	0.00	0.00	0.00	0.00	100.00
蔷薇、枸子灌丛	面积	122 703.04		3 013.74		553.16	2 782.87		18 364.54	21 049.95	65 784.66			51 665.90					32 480.64	70.14			318 468.64
	百分比	38.53	0.00	0.95	0.00	0.17	0.87	0.00	5.77	6.61	20.66	0.00	0.00	16.22	0.00	0.00	0.00	0.00	10.20	0.02	0.00	0.00	100.00
沙棘灌丛	面积								5 078.48														5 078.48
	百分比	0.00	0.00	0.00	0.00	0.00	0.00	0.00	100.00	0.00	0.00	0.00	0.00	0.00	0.00	0.00	0.00	0.00	0.00	0.00	0.00	0.00	100.00
栓皮栎、麻栎灌丛	面积		33 611.70		2 104.52	3 035.10		16 333.50	244 714.24					13 816.13	2 424.87					130.67			316 170.72
	百分比	0.00	10.63	0.00	0.67	0.96	0.00	5.17	77.40	0.00	0.00	0.00	0.00	4.37	0.77	0.00	0.00	0.00	0.00	0.04	0.00	0.00	100.00
太白、杜鹃灌丛	面积										6 250.86								2 229.02				8 479.88
	百分比	0.00	0.00	0.00	0.00	0.00	0.00	0.00	0.00	0.00	73.71	0.00	0.00	0.00	0.00	0.00	0.00	0.00	26.29	0.00	0.00	0.00	100.00
铁仔灌丛	面积						199.37													0.34			199.71
	百分比	0.00	0.00	0.00	0.00	0.00	99.83	0.00	0.00	0.00	0.00	0.00	0.00	0.00	0.00	0.00	0.00	0.00	0.00	0.17	0.00	0.00	100.00
头花杜鹃、百里花杜鹃灌丛	面积	131 563.88					73 480.18				17 832.32									11 911.86			234 788.24
	百分比	56.04	0.00	0.00	0.00	0.00	31.30	0.00	0.00	0.00	7.60	0.00	0.00	0.00	0.00	0.00	0.00	0.00	0.00	5.07	0.00	0.00	100.00
乌饭叶矮柳灌丛	面积	97 518.32		2 703.41		20 463.86	485 532.95				15 779.80			682.40									622 680.73
	百分比	15.66	0.00	0.43	0.00	3.29	77.97	0.00	0.00	0.00	2.53	0.00	0.00	0.11	0.00	0.00	0.00	0.00	0.00	0.00	0.00	0.00	100.00
仙人掌、金合欢灌丛	面积						15 363.92				3 632.15												18 996.07
	百分比	0.00	0.00	0.00	0.00	0.00	80.88	0.00	0.00	0.00	19.12	0.00	0.00	0.00	0.00	0.00	0.00	0.00	0.00	0.00	0.00	0.00	100.00
腺房杜鹃灌丛	面积						2 097.96				10 876.53												12 974.49
	百分比	0.00	0.00	0.00	0.00	0.00	16.17	0.00	0.00	0.00	83.83	0.00	0.00	0.00	0.00	0.00	0.00	0.00	0.00	0.00	0.00	0.00	100.00
香柏灌丛	面积						1 550.50																1 550.50
	百分比	0.00	0.00	0.00	0.00	0.00	100.00	0.00	0.00	0.00	0.00	0.00	0.00	0.00	0.00	0.00	0.00	0.00	0.00	0.00	0.00	0.00	100.00
盐肤木、云南山蚂蝗灌丛	面积										2 365.93												2 365.93
	百分比	0.00	0.00	0.00	0.00	0.00	0.00	0.00	0.00	0.00	100.00	0.00	0.00	0.00	0.00	0.00	0.00	0.00	0.00	0.00	0.00	0.00	100.00
盐肤木灌丛	面积													21 334.47						14 872.60			36 207.07
	百分比	0.00	0.00	0.00	0.00	0.00	0.00	0.00	0.00	0.00	0.00	0.00	0.00	58.92	0.00	0.00	0.00	0.00	0.00	41.08	0.00	0.00	100.00
腋花杜鹃灌丛	面积						10 132.13			34 398.34	222 768.99									29 833.73	226.47		297 359.65
	百分比	0.00	0.00	0.00	0.00	0.00	3.41	0.00	0.00	11.57	74.92	0.00	0.00	0.00	0.00	0.00	0.00	0.00	0.00	10.03	0.08	0.00	100.00
硬叶柳灌丛	面积	112 075.67												18 547.00									130 622.67
	百分比	85.80	0.00	0.00	0.00	0.00	0.00	0.00	0.00	0.00	0.00	0.00	0.00	14.20	0.00	0.00	0.00	0.00	0.00	0.00	0.00	0.00	100.00
永宁杜鹃灌丛	面积						89 979.06				3 085.68												93 064.73
	百分比	0.00	0.00	0.00	0.00	0.00	96.68	0.00	0.00	0.00	3.32	0.00	0.00	0.00	0.00	0.00	0.00	0.00	0.00	0.00	0.00	0.00	100.00
余甘子灌丛	面积										17 880.91						17 211.81						35 092.72
	百分比	0.00	0.00	0.00	0.00	0.00	0.00	0.00	0.00	0.00	50.95	0.00	0.00	0.00	0.00	0.00	49.05	0.00	0.00	0.00	0.00	0.00	100.00
窄叶鲜卑花灌丛	面积	242 478.89					309 492.76							903.69									552 875.35
	百分比	43.86	0.00	0.00	0.00	0.00	55.98	0.00	0.00	0.00	0.00	0.00	0.00	0.16	0.00	0.00	0.00	0.00	0.00	0.00	0.00	0.00	100.00
竹叶椒灌丛	面积									1 446.57	8 908.24						4 926.49			1 321.45			16 602.75
	百分比	0.00	0.00	0.00	0.00	0.00	0.00	0.00	0.00	8.71	53.66	0.00	0.00	0.00	0.00	0.00	29.67	0.00	0.00	7.96	0.00	0.00	100.00
总计		1 665 496.62	312 158.95	26 212.05	61 423.33	28 835.32	2 191 383.48	16 342.50	375 279.00	130 303.42	807 036.01	328 707.16	117 790.58	159 200.78	3 400.72	9 099.10	58 669.66	137.81	210 947.31	173 755.91	4 950.01	5 557.23	6 686 686.96

通过表 5-3 可查看四川省 2005 年灌丛的分布区域面积及所占的百分比。

(1)矮高山栎灌丛总面积为 157 663.67hm²，占总灌丛面积的 2.36%，主要分布在甘孜州、乐山市、凉山州和雅安市等 4 个市州。其中在凉山州分布最多，面积为 97 773.55hm²，占比 62.01%；分布最少的为乐山市，面积为 6 116.01hm²，占比仅为 3.88%。

(2)白刺花、小马鞍叶灌丛总面积为 183 014.53hm²，占总灌丛面积的 2.73%，主要分布阿坝州、甘孜州、凉山州、攀枝花市、雅安市等 5 个地区。其中分布最多的在甘孜州，面积为 84 208.17hm²，占比为 46.01%；分布最少的区域是雅安市，面积为 1 146.77hm²，占比仅为 0.63%。

(3)白栎灌丛面积为 242 931.66hm²，占总灌丛面积的 3.63%，主要分布在达州市、乐山市、泸州市、宜宾市等 4 个地区。其中分布最多的在宜宾市，面积为 134 864.74hm²，占比为 55.52%；分布最少的乐山市，面积为 882.21hm²，占比仅为 0.36%。

(4)草原杜鹃灌丛面积为 861 557.27hm²，占灌丛面积的 12.88%，主要分布在阿坝州、成都市、德阳市、甘孜州、凉山州、绵阳市等 6 个地区。其中分布最多的是甘孜州，面积为 582 842.59hm²，占比为 67.65%；分布最少的为成都市，面积为 2 026hm²，占比仅为 0.24%。

(5)柽柳灌丛总面积为 9 359.23hm²，占灌丛面积的 0.14%，主要分布在阿坝州，面积为 9 359.23hm²，占比 100%，其他市州少见分布。

(6)淡黄杜鹃灌丛总面积为 166 209.93hm²，占总灌丛面积的 2.49%，主要分布在甘孜州和凉山州。甘孜州面积为 91 690.46hm²，占比为 55.17%；凉山州面积为 74 519.47hm²，占比为 44.83%。

(7)地盘松灌丛总面积为 43 531.62hm²，占灌丛总面积的 0.65%，主要分布在乐山市和凉山州。其中绝大部分分布在凉山州，面积为 43 518.71hm²，占比为 99.97%；乐山市分布面积仅为 12.91hm²，占比仅为 0.03%。

(8)滇榛灌丛总面积为 323 070.12hm²，占灌丛总面积的 4.83%，主要分布于阿坝州、甘孜州、乐山市、凉山州、眉山市、绵阳市、雅安市等 7 个市州。其中分布最多的是甘孜州，面积为 139 507.59hm²，占比为 43.18%；分布最少的为绵阳市，面积为 1 050.31hm²，占比仅为 0.33%。

(9)高山绣线菊灌丛总面积为 287.54hm²，占灌丛总面积的 0.004%，仅在阿坝州有所分布。

(10)黄荆灌丛总面积为 2 140.36hm²，占灌丛总面积的 0.03%，主要分布在德阳和绵阳两地。其中德阳的面积为 233.38hm²，占比 10.90%；绵阳的面积为 1 906.98hm²，占比 89.10%。

(11)黄栌灌丛总面积为 278 187.26hm²，占灌丛总面积的 4.16%，主要分布在阿坝州、巴中市、达州市、绵阳市等 4 个地区。其中分布最多的是巴中市，面积为 245 211.01hm²，占灌丛总面积的 88.15%；分布最少的是绵阳市，面积为 815.69hm²，占比仅为 0.29%。

(12)黄毛杜鹃、金背枇杷灌丛总面积为 56 160.03hm²，占灌丛总面积的 0.84%，主要分布于阿坝州、甘孜州、凉山州、绵阳市、攀枝花市等 5 个市州。其中分布最多的是凉山州，面积为 28 516.7hm²，占比为 50.78%；分布最少的是甘孜州，面积为 514.62hm²，占比仅为 0.92%。

(13)火棘灌丛总面积为 189 579.71hm²，占灌丛总面积的 2.84%，主要分布于巴中市、广元市、乐山市、凉山州、泸州市、内江市、攀枝花市、宜宾市、自贡市等 9 个市州。其中分布最多的是泸州市，面积为 80 863.83hm²，占比为 42.65%；分布最少的是广元市，面积为 15.55hm²，占比仅为 0.01%。

(14)箭叶锦鸡儿灌丛总面积为 335.28hm²，占灌丛总面积的 0.01%，主要分布于绵阳市，其余市州鲜有分布。

(15)金露梅灌丛总面积为 22 156.39hm²，占灌丛总面积的 0.33%，主要分布于阿坝州和凉山州两地。其中阿坝州面积为 21 955.46hm²，占比为 99.09%；凉山州面积为 200.94hm²，占比仅为 0.91%。

(16)绢毛蔷薇、匍匐栒子灌丛总面积为 278 423.47hm²，占灌丛总面积的 4.16%，主要分布于阿坝州、甘孜州、凉山州、绵阳市、雅安市等 5 个市州。其中分布最多的是甘孜州，面积为 142 622.11hm²，占比为 51.22%；分布最少的是绵阳市，面积为 980.40hm²，占比仅为 0.35%。

(17)亮鳞杜鹃灌丛总面积为 179 309.52hm²，占灌丛总面积的 2.68%，主要分布于阿坝州、甘孜州、乐山市、眉山市、雅安市等 5 个地区。其中分布最多的是阿坝州，面积为 102 506.95hm²，占比为 36.82%；分布最少的是乐山市，面积为 154.96hm²，占比仅为 0.09%。

(18)马桑灌丛总面积为 810 703.27hm²，占灌丛总面积的 12.12%，主要分布于阿坝州、巴中市、成都市、达州市、德阳市、甘孜州、广安市、广元市、乐山市、泸州市、眉山市、绵阳市、南充市、内江市、遂宁市、雅安市、宜宾市、资阳市、自贡市等 19 个市州，分布极为广泛。其中分布最多的是阿坝州，面积为 379 235.34hm²，占比为 46.78%；分布最少的是广安市，面积仅为 9.01hm²，占比仅为 0.001%。

(19)毛枝山居柳灌丛总面积为 4 674.80hm²，占灌丛总面积的 0.07%，主要分布于阿坝州和甘孜州。其中阿坝州面积为 692.90hm²，占比为 14.82%；甘孜州面积为 3 981.89hm²，占比为 85.18%。

(20)茅栗灌丛总面积为 115 767.58hm²，占灌丛总面积的 1.73%，主要分布于凉山州和泸州市。其中凉山州的面积为 1 444.09hm²，占比为 1.25%；泸州市的面积为 114 323.50hm²，占比为 98.75%。

(21)南烛、矮杨梅灌丛总面积为 58 045.40hm²，占灌丛总面积的 0.87%，主要分布于凉山州和攀枝花市。其中凉山州分布面积为 50 327.25hm²，占比为 86.70%；攀枝花市分布面积为 7 718.15hm²，占比为 13.30%。

(22)蔷薇、枸子灌丛总面积为 318 468.64hm²，占灌丛总面积的 4.76%，主要分布于阿坝州、成都市、德阳市、甘孜州、广元市、乐山市、凉山州、绵阳市、雅安市、宜宾市等 10 个市州。其中分布最多的是阿坝州，面积为 122 703.04hm²，占比为 38.58%；分布最少的为宜宾市，面积为 70.14hm²，占比仅为 0.02%。

(23)沙棘灌丛总面积为 5 078.48hm²，占灌丛总面积的 0.08%，主要分布于广元市，其他市州鲜有发现。

(24)栓皮栎、麻栎灌丛总面积为 316 170.72hm²，占灌丛总面积的 4.73%，主要分布于巴中市、达州市、德阳市、广安市、广元市、绵阳市、南充市、遂宁市等 8 个地区。其中分布最多的是广元市，面积为 244 714.24hm²，占比为 77.40%；分布最少的是遂宁市，面积为 130.67hm²，占比仅为 0.04%。

(25)太白杜鹃灌丛总面积为 8 479.88hm²，占灌丛总面积的 0.13%，主要分布于凉山州和攀枝花市。凉山州分布面积为 6 250.86hm²，占比为 73.71%；攀枝花市分布面积为 2 229.02hm²，占比为 26.29%。

(26)铁仔灌丛总面积为 199.71hm²，占灌丛总面积的 0.003%，主要分布于甘孜州和雅安市。其中甘孜州面积为 199.37hm²，占比为 99.83%；雅安市分布面积仅为 0.34hm²，占比为 0.17%。

(27)头花杜鹃、白里花杜鹃灌丛总面积为 234 788.24hm²，占灌丛总面积的 3.51%，主要分布于阿坝州、甘孜州、凉山州、雅安市等 4 个地区。其中分布最多的是阿坝州，面积为 131 563.88hm²，占比为 56.04%；分布最少的是雅安市，面积为 11 911.86hm²，占比为 5.07%。

(28)乌饭叶矮柳灌丛总面积为 622 680.73hm²，占灌丛总面积的 9.31%，主要分布于阿坝州、成都市、德阳市、甘孜州、凉山州、绵阳市等 6 个市州。其中分布最多的是甘孜州，面积为 485 532.95hm²，占比为 77.97%；分布最少的是绵阳市，面积仅为 682.40hm²，占比为 0.11%。

(29)仙人掌、金合欢灌丛总面积为 18 996.07hm²，占灌丛总面积的 0.28%，主要分布于甘孜州和凉山州。其中甘孜州面积为 15 363.92hm²，占比为 80.88%；凉山州面积为 3 632.15hm²，占比为 19.12%。

(30)腺房杜鹃灌丛总面积为 12 974.49hm²，占灌丛总面积的 0.19%，主要分布于甘孜州和凉山州。其中甘孜州面积为 2 097.96hm²，占比为 16.17%；凉山州面积为 10 876.53hm²，占比为 83.83%。

(31)香柏灌丛总面积为 1 550.50hm²，占灌丛总面积的 0.02%，主要分布于甘孜州，其他市州鲜有分布。

(32)盐肤木、云南山蚂蝗灌丛总面积为 2 365.93hm²，占灌丛总面积的

0.04%，主要分布于凉山州，其他市州鲜有分布。

(33)盐肤木灌丛总面积为 36 207.07hm²，占灌丛总面积的 0.54%，主要分布于泸州市和宜宾市。其中泸州市分布面积为 21 334.47hm²，占比为 58.92%；宜宾市分布面积为 14 872.60hm²，占比为 41.08%。

(34)腋花杜鹃灌丛总面积为 297 359.65hm²，占灌丛总面积的 4.45%，主要分布于甘孜州、乐山市、凉山州、雅安市、宜宾市等 5 个市州。其中分布最多的是凉山州，面积为 222 768.99hm²，占比为 74.92%；分布最少的是宜宾市，面积仅为 226.47hm²，占比为 0.08%。

(35)硬叶柳灌丛总面积为 130 622.67hm²，占灌丛总面积的 1.95%，主要分布于阿坝州和绵阳市。其中阿坝州面积为 112 075.67hm²，占比为 85.80%；绵阳市分布面积为 18 547.00hm²，占比为 14.20%。

(36)永宁杜鹃灌丛总面积为 93 064.73hm²，占灌丛总面积的 1.39%，主要分布于甘孜州和凉山州。甘孜州分布面积为 89 979.06hm²，占比为 96.68%；凉山州分布面积为 3 085.68hm²，占比为 3.32%。

(37)余甘子灌丛总面积为 35 092.72hm²，占灌丛总面积的 0.52%，主要分布于凉山州和攀枝花市。其中凉山州分布面积为 17 880.91 hm²，占比为 50.92%；攀枝花分布面积为 17 211.81hm²，占比为 49.05%。

(38)窄叶鲜卑花灌丛总面积为 552 875.35hm²，占灌丛总面积的 8.27%，主要分布于阿坝州、甘孜州、绵阳市等 3 个地区。其中分布面积最多的是甘孜州，面积为 309 492 hm²，占比为 55.98%；分布最少的是绵阳市，面积为 903.69hm²，占比仅为 0.16%。

(39)竹叶椒灌丛总面积为 16 602.75hm²，占灌丛总面积的 0.25%，主要分布于乐山市、凉山州、攀枝花市、宜宾市等 4 个地区。其中分布最多的是凉山州，面积为 8 908.24 hm²，占比为 53.66%；分布最少的是宜宾市，面积为 1 321.45hm²，占比为 7.96%。

5.1.2　灌丛群系不同海拔上的分布

通过表 5-4、图 5-3、图 5-4 及图 5-5 可知 2005 年各灌丛群系在海拔上的分布规律。

表 5-4　2005 年灌丛群系不同海拔分布统计表　　　　　（单位：hm²，%）

灌丛群系名称		海拔分级					总计
		丘陵	低山	中山	高山	极高山	
矮高山栎灌丛	面积	39 069.20	12 595.33	77 185.69	28 813.45		157 663.67
	百分比	24.78	7.99	48.96	18.28		2.36

续表 1

灌丛群系名称		海拔分级					总计
		丘陵	低山	中山	高山	极高山	
白刺花、 小马鞍叶灌丛	面积	23 785.83	21 654.79	50 964.55	86 609.36		183 014.53
	百分比	13.00	11.83	27.85	47.32		2.74
白栎灌丛	面积	31 153.01	21 210.03	106 407.93	84 160.69		242 931.66
	百分比	12.82	8.73	43.80	34.64		3.63
草原杜鹃灌丛	面积	47 619.80	59 741.92	178 185.64	575 981.44	28.46	861 557.27
	百分比	5.53	6.93	20.68	66.85	0.003	12.88
柽柳灌丛	面积		568.24	4 087.54	4 703.45		9 359.23
	百分比		6.07	43.67	50.25		0.14
淡黄杜鹃灌丛	面积	14 873.25	19 765.48	56 744.51	74 826.70		166 209.93
	百分比	8.95	11.89	34.14	45.02		2.49
地盘松灌丛	面积	2 056.36	2 402.25	35 980.88	3 092.14		43 531.62
	百分比	4.72	5.52	82.65	7.10		0.65
滇榛灌丛	面积	6 658.09	16 354.50	33 446.68	266 610.85		323 070.12
	百分比	2.06	5.06	10.35	82.52		4.83
高山绣线菊灌丛	面积				287.54		287.54
	百分比				100.00		0.00
黄荆灌丛	面积		495.30	1 266.85	378.22		2 140.36
	百分比		23.14	59.19	17.67		0.03
黄栌灌丛	面积		3 595.04	9 916.60	264 675.62		278 187.26
	百分比		1.29	3.56	95.14		4.16
黄毛杜鹃、 金背枇杷灌丛	面积	12 604.56	2 628.78	37 800.78	3 125.90		56 160.03
	百分比	22.44	4.68	67.31	5.57		0.84
火棘灌丛	面积	27 285.43	10 929.91	102 155.91	49 208.46		189 579.71
	百分比	14.39	5.77	53.89	25.96		2.84
箭叶锦鸡儿灌丛	面积		114.80	47.97	172.51		335.28
	百分比		34.24	14.31	51.45		0.01
金露梅灌丛	面积	12.10	20.22	7 324.76	14 799.32		22 156.39
	百分比	0.05	0.09	33.06	66.79		0.33
绢毛蔷薇、 匍匐栒子灌丛	面积	18 510.01	25 716.85	68 612.69	165 565.74	18.18	278 423.47
	百分比	6.65	9.24	24.64	59.47	0.01	4.16

续表 2

灌丛群系名称		海拔分级					总计
		丘陵	低山	中山	高山	极高山	
亮鳞杜鹃灌丛	面积	17 780.38	18 508.49	25 455.64	117 565.01		179 309.52
	百分比	9.92	10.32	14.20	65.57		2.68
马桑灌丛	面积	21 179.02	42 896.69	88 628.67	657 998.90		810 703.27
	百分比	2.61	5.29	10.93	81.16		12.12
毛枝山居柳灌丛	面积		22.65	49.23	4 602.92		4 674.80
	百分比		0.48	1.05	98.46		0.07
茅栗灌丛	面积	276.62	17 199.45	97 837.20	454.32		115 767.58
	百分比	0.24	14.86	84.51	0.39		1.73
南烛、矮杨梅灌丛	面积	7 846.46	237.24	49 961.69			58 045.40
	百分比	13.52	0.41	86.07	0.00		0.87
蔷薇、枸子灌丛	面积	8 013.57	19 819.15	145 582.09	145 053.83		318 468.64
	百分比	2.52	6.22	45.71	45.55		4.76
沙棘灌丛	面积			2 231.98	2 846.50		5 078.48
	百分比			43.95	56.05		0.08
栓皮栎、麻栎灌丛	面积	1 135.25	22 254.33	14 507.16	278 273.98		316 170.72
	百分比	0.36	7.04	4.59	88.01		4.73
太白、杜鹃灌丛	面积		763.69	7 613.20	102.99		8 479.88
	百分比		9.01	89.78	1.21		0.13
铁仔灌丛	面积			199.37	0.34		199.71
	百分比			99.83	0.17		0.003
头花杜鹃、百里花杜鹃灌丛	面积	13 209.37	24 263.49	55 945.35	141 319.05	50.99	234 788.24
	百分比	5.63	10.33	23.83	60.19	0.02	3.51
乌饭叶矮柳灌丛	面积	23 004.93	57 293.33	122 503.04	419 879.43		622 680.73
	百分比	3.69	9.20	19.67	67.43		9.31
仙人掌、金合欢灌丛	面积	2 873.69	2 107.37	4 652.86	9 362.16		18 996.07
	百分比	15.13	11.09	24.49	49.28		0.28
腺房杜鹃灌丛	面积	28.77	2 201.08	8 969.46	1 775.17		12 974.49
	百分比	0.22	16.96	69.13	13.68		0.19
香柏灌丛	面积	127.06	61.27	522.73	839.43		1 550.50
	百分比	8.20	3.95	33.71	54.14		0.02

续表 3

灌丛群系名称		海拔分级					总计
		丘陵	低山	中山	高山	极高山	
盐肤木、云南山蚂蝗灌丛	面积		196.57	2 169.36			2 365.93
	百分比		8.31	91.69			0.04
盐肤木灌丛	面积	4 237.83	9 604.80	20 398.05	1 966.39		36 207.07
	百分比	11.70	26.53	56.34	5.43		0.54
腋花杜鹃灌丛	面积	16 222.90	24 855.17	189 120.16	67 161.42		297 359.65
	百分比	5.46	8.36	63.60	22.59		4.45
硬叶柳灌丛	面积	1 375.09	1 600.34	29 078.58	98 568.66		130 622.67
	百分比	1.05	1.23	22.26	75.46		1.95
永宁杜鹃灌丛	面积	7 275.67	5 614.80	37 277.61	42 896.66		93 064.73
	百分比	7.82	6.03	40.06	46.09		1.39
余甘子灌丛	面积	21 607.34	1 245.31	12 240.07			35 092.72
	百分比	61.57	3.55	34.88	0.00		0.52
窄叶鲜卑花灌丛	面积	12 969.89	33 998.31	116 854.18	389 052.96		552 875.35
	百分比	2.35	6.15	21.14	70.37		8.27
竹叶椒灌丛	面积	6 900.12	112.85	8 877.12	712.65		16 602.75
	百分比	41.56	0.68	53.47	4.29		0.25
总计	面积	389 691.58	482 649.82	1 810 803.77	4 003 444.16	97.63	6 686 686.96
	百分比	5.83	7.22	27.08	59.87	0.001	100.00

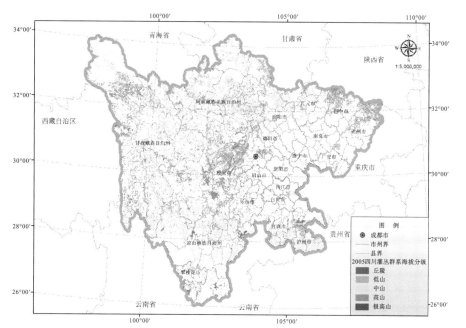

图 5-3　2005 年灌丛群系海拔分布总图

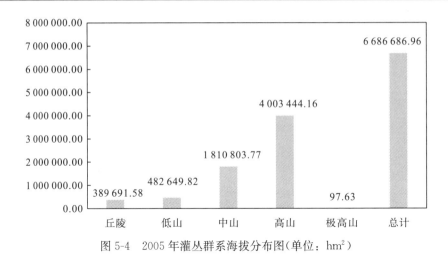

图 5-4　2005 年灌丛群系海拔分布图（单位：hm²）

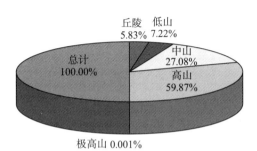

图 5-5　2005 年灌丛群系海拔分布百分比图

　　总体来看，灌丛群系主要分布在高山和中山地区，其次为低山和丘陵地区，在极高山地区分布最少。从所占比率来看，高山地区分布的灌丛最多，占到了灌丛总面积的 59.87%；分布最少的在极高山区域，灌丛群系面积占比仅为 0.001%。

　　(1)矮高山栎灌丛总面积为 157 663.67hm²，占总灌丛面积的 2.36%。分布最多的在中山地区，面积为77 185.69hm²，占比为 48.96%；分布最少的在低山地区，面积为 12 595.33hm²，占比为 7.99%；极高山地区没有分布。

　　(2)白刺花、小马鞍叶灌丛总面积为 183 014.53 hm²，占总灌丛面积的 2.73%。其中在高山地区分布最多，面积为 86 609.36hm²，占比为 47.32%；在低山区域分布最少，面积为 21 654.79hm²，占比为 11.83%；极高山地区没有分布。

　　(3)白桦灌丛面积为 242 931.66hm²，占总灌丛面积的 3.63%。主要分布在中山地区，面积为 106 407.93hm²，占比为 43.80%；分布最少的地区是低山地区，面积为 21 210.03hm²，占比仅为 8.73%；极高山区域没有分布。

　　(4)草原杜鹃灌丛面积为 861 557.27hm²，占灌丛面积的 12.88%。分布最多的是高山地区，面积为 575 981.44hm²，占比为 66.85%；分布最少的是极高山地区，面积为 28.46hm²，占比仅为 0.003%。

（5）柽柳灌丛总面积为 9 359.23hm²，占灌丛面积的 0.14%。分布最多的是高山地区，面积为 4 703.45hm²，占比 50.25%；分布最少的是低山地区，面积为 568.24hm²，占比为 6.07%；丘陵和极高山区域没有分布。

（6）淡黄杜鹃灌丛总面积为 166 209.93hm²，占总灌丛面积的 2.49%。分布最多的是高山地区，面积为 74 826.70hm²，占比为 45.02%；分布最少的是丘陵地区，面积是 14 873.25hm²，占比为 8.95%；极高山地区没有分布。

（7）地盘松灌丛总面积为 43 531.62hm²，占灌丛总面积的 0.65%。分布最多的是中山地区，面积为 35 980.88hm²，占比为 82.65%；分布最少的是丘陵地区，面积为 2 056.36hm²，占比 4.72%；极高山地区没有分布。

（8）滇榛灌丛总面积为 323 070.12hm²，占灌丛总面积的 4.83%。分布最多的是高山地区，面积为 266 610.85hm²，占比为 82.52%；分布最少的是丘陵地区，面积为 6 658.09hm²，占比为 2.06%；极高山地区没有分布。

（9）高山绣线菊灌丛总面积为 287.54hm²，占灌丛总面积的 0.004%。仅在高山地区有所分布。

（10）黄荆灌丛总面积为 2 140.36hm²，占灌丛总面积的 0.03%。分布最多的是中山地区，面积为 1 266.85hm²，占比为 59.19%；分布最少的是高山地区，面积为 378.22hm²，占比为 17.67%；丘陵和极高山地区没有分布。

（11）黄栌灌丛总面积为 278 187.26hm²，占灌丛总面积的 4.16%。绝大多数分布在高山地区，面积为 264 675.62hm²，占比为 95.14%；最少的位于低山地区，面积为 3 595.04hm²，占比为 1.29%；丘陵和极高山地区没有分布。

（12）黄毛杜鹃、金背枇杷灌丛总面积为 56 160.03hm²，占灌丛总面积的 0.84%。分布最多的区域是中山地区，面积为 37 800.78hm²，占比为 67.31%；分布最少的是低山地区，面积为 2 628.78hm²，占比为 4.68%；极高山地区没有分布。

（13）火棘灌丛总面积为 189 579.71hm²，占灌丛总面积的 2.84%。分布最多的是中山地区，面积为 102 155.91hm²，占比为 53.89%；分布最少的是低山地区，面积为 10 929.91hm²，占比为 5.77%；极高山没有分布。

（14）箭叶锦鸡儿灌丛总面积为 335.28hm²，占灌丛总面积的 0.01%。分布最多的是高山地区，面积为 172.51hm²，占比为 51.45%；分布最少的是中山地区，面积为 47.97hm²，占比为 14.31%；丘陵和极高山地区没有分布。

（15）金露梅灌丛总面积为 22 156.39hm²，占灌丛总面积的 0.33%。分布最多的是高山地区，面积为 14 799.32hm²，占比为 66.79%；分布最少的是丘陵地区，面积为 12.10hm²，占比为 0.05%；极高山地区没有分布。

（16）绢毛蔷薇、匍匐栒子灌丛总面积为 278 423.47hm²，占灌丛总面积的

4.16%。分布最多的是高山地区，面积为 165 565.74hm²，占比为 59.47%；分布最少的是极高山地区，面积仅为 18.18hm²，占比仅为 0.01%。

（17）亮鳞杜鹃灌丛总面积为 179 309.52hm²，占灌丛总面积的 2.68%。分布最多的是高山地区，面积为 117 565.01hm²，占比为 65.57%；分布最少的是丘陵地区，面积为 17 780.88hm²，占比为 9.92%；极高山地区没有分布。

（18）马桑灌丛总面积为 810 703.27hm²，占灌丛总面积的 12.12%。分布最多的是高山地区，面积为 657 998.90hm²，占比为 81.16%；分布最少的是丘陵地区，面积为 21 179.02hm²，占比为 2.61%；极高山地区没有分布。

（19）毛枝山居柳灌丛总面积为 4 674.80hm²，占灌丛总面积的 0.07%。绝大多数分布在高山地区，面积为 4 602.92hm²，占比为 98.46%；分布最少的是低山地区，面积为 22.65hm²，占比仅为 0.48%；丘陵地区没有分布。

（20）茅栗灌丛总面积为 115 767.58hm²，占灌丛总面积的 1.73%。分布最多的是中山地区，面积为 97 837.20hm²，占比为 84.51%；分布最少的是丘陵地区，面积仅为 276.62hm²，占比仅为 0.24%；极高山地区没有分布。

（21）南烛、矮杨梅灌丛总面积为 58 045.40hm²，占灌丛总面积的 0.87%。分布最多的是中山地区，面积为 145 582.09hm²，占比为 45.71%；分布最少的是丘陵地区，面积为 8 013.57hm²，占比为 2.52%；极高山地区没有分布。

（22）蔷薇、枸子灌丛总面积为 318 468.64hm²，占灌丛总面积的 4.76%。分布最多的是中山地区，面积为 145 582.09hm²，占比为 45.71%；分布最少的是丘陵地区，面积为 8 013.57hm²，占比为 2.52%；极高山地区没有分布。

（23）沙棘灌丛总面积为 5 078.48hm²，占灌丛总面积的 0.08%。主要分布在中山和高山地区，其中中山地区面积为 2 231.98hm²，占比为 43.95%；高山地区面积为 2 846.50hm²，占比为 56.95%；丘陵、低山和极高山地区均无分布。

（24）栓皮栎、麻栎灌丛总面积为 316 170.72hm²，占灌丛总面积的 4.73%。分布最多的是高山地区，面积为 278 273.98hm²，占比为 88.01%；分布最少的是丘陵地区，面积为 1 135.25hm²，占比仅为 0.36%；极高山地区没有分布。

（25）太白杜鹃灌丛总面积为 8 479.88hm²，占灌丛总面积的 0.13%。绝大多数分布于高山地区，面积为 7 613.20hm²，占比为 89.78%；分布最少的是高山地区，面积仅为 102.99hm²，占比为 1.21%。

（26）铁仔灌丛总面积为 199.71hm²，占灌丛总面积的 0.003%。绝大多数分布在中山地区，面积为 199.37hm²，占比为 99.83%；高山地区有少量分布，面积为 0.34hm²，占比为 0.17%；丘陵、低山和极高山地区没有分布。

（27）头花杜鹃、白里花杜鹃灌丛总面积为 234 788.24hm²，占灌丛总面积的 3.51%。分布最多的是高山地区，面积为 141 319.05hm²，占比为 60.19%；分布最少的是极高山地区，面积为 50.99hm²，占比仅为 0.02%。

（28）乌饭叶矮柳灌丛总面积为 622 680.73hm²，占灌丛总面积的 9.31%。分布最多的是高山地区，面积为 419 879.43hm²，占比为 67.43%；分布最少的是丘陵地区，面积为 23 004.93hm²，占比为 3.69%；极高山地区没有分布。

(29)仙人掌、金合欢灌丛总面积为 18 996.07hm²，占灌丛总面积的 0.28%。分布最多的是高山地区，面积为 9 362.16hm²，占比为 49.28%；分布最少的是低山地区，面积为 2 107.37hm²，占比为 11.09%；极高山地区没有分布。

(30)腺房杜鹃灌丛总面积为 12 974.49hm²，占灌丛总面积的 0.19%。分布最多的是中山地区，面积为 8 969.46hm²，占比为 69.13%；分布最少的是丘陵地区，面积仅为 28.77hm²，占比为 0.22%；极高山地区没有分布。

(31)香柏灌丛总面积为 1 550.50hm²，占灌丛总面积的 0.02%。分布最多的是高山地区，面积为 839.43hm²，占比为 54.14%；分布最少的是低山地区，面积为 61.27hm²，占比为 3.95%；极高山地区没有分布。

(32)盐肤木、云南山蚂蝗灌丛总面积为 2 365.93hm²，占灌丛总面积的 0.04%。绝大多数分布在中山地区，面积为 2 169.36hm²，占比为 91.69%；低山地区面积为 196.57hm²，占比为 8.31%；其余地区没有分布。

(33)盐肤木灌丛总面积为 36 207.07hm²，占灌丛总面积的 0.54%。分布最多的是中山地区，面积为 20 398.05hm²，占比为 56.34%；分布最少的是高山地区，面积为 1 966.39hm²，占比为 5.43%；极高山地区没有分布。

(34)腋花杜鹃灌丛总面积为 297 359.65hm²，占灌丛总面积的 4.45%。分布最多的是中山地区，面积为 189 120.16hm²，占比为 63.60%；分布最少的是丘陵地区，面积为 16 222.90hm²，占比为 5.46%；极高山地区没有分布。

(35)硬叶柳灌丛总面积为 130 622.67hm²，占灌丛总面积的 1.95%。分布最多的是高山地区，面积为 98 568.66hm²，占比为 75.46%；分布最少的是丘陵地区，面积为 1 375.09hm²，占比为 1.05%；极高山没有分布。

(36)永宁杜鹃灌丛总面积为 93 064.73hm²，占灌丛总面积的 1.39%。分布最多的是高山地区，面积为 42 896.66hm²，占比为 46.09%；分布最少的是低山地区，面积为 5 614.80hm²，占比为 6.03%；极高山地区没有分布。

(37)余甘子灌丛总面积为 35 092.72hm²，占灌丛总面积的 0.52%。分布最多的是丘陵地区，面积为 21 607.34hm²，占比为 61.57%；分布最少的是低山地区，面积为 1 245.31hm²，占比为 3.55%；高山和极高山地区没有分布。

(38)窄叶鲜卑花灌丛总面积为 552 875.35hm²，占灌丛总面积的 8.27%。分布最多的是高山地区，面积为 389 052.96hm²，占比为 70.37%；分布最少的是丘陵地区，面积为 12 969.89hm²，占比为 2.35%；极高山地区没有分布。

(39)竹叶椒灌丛总面积为 16 602.75hm²，占灌丛总面积的 0.25%。分布最多的是中山地区，面积为 8 877.12hm²，占比为 53.47%；分布最少的是低山地区，面积为 112.85hm²，占比仅为 0.68%；极高山地区没有分布。

5.1.3　灌丛群系不同坡度上的分布规律

通过表 5-5、图 5-6、图 5-7 及图 5-8 可知 2005 年各灌丛群系在坡度上的分布规律。

表 5-5　2005 年灌丛群系不同坡度分布统计表　　　　　（单位：hm²，%）

灌丛群系名称		坡度					总计
		平坡	缓坡	斜坡	陡坡	急坡	
矮高山栎灌丛	面积	43 259.90	47 985.94	35 937.27	29 836.42	644.15	157 663.67
	百分比	27.44	30.44	22.79	18.92	0.41	2.36
白刺花、小马鞍叶灌丛	面积	30 480.39	44 916.76	94 390.59	12 839.03	387.76	183 014.53
	百分比	16.65	24.54	51.58	7.02	0.21	2.74
白栎灌丛	面积	38 634.73	81 302.84	47 364.70	74 258.07	1 371.31	242 931.66
	百分比	15.90	33.47	19.50	30.57	0.56	3.63
草原杜鹃灌丛	面积	75 800.74	278 115.82	358 970.70	139 799.13	8 870.87	861 557.27
	百分比	8.80	32.28	41.67	16.23	1.03	12.88
柽柳灌丛	面积	807.53	3 632.92	4 353.25	565.53		9 359.23
	百分比	8.63	38.82	46.51	6.04		0.14
淡黄杜鹃灌丛	面积	17 977.30	48 164.36	68 470.17	29 823.73	1 774.37	166 209.93
	百分比	10.82	28.98	41.19	17.94	1.07	2.49
地盘松灌丛	面积	3 377.91	17 306.85	18 812.15	3 887.75	146.97	43 531.62
	百分比	7.76	39.76	43.21	8.93	0.34	0.65
滇榛灌丛	面积	10 592.56	162 638.79	42 077.91	30 846.34	76 914.52	323 070.12
	百分比	3.28	50.34	13.02	9.55	23.81	4.83
高山绣线菊灌丛	面积		37.81	249.73			287.54
	百分比		13.15	86.85			0.004
黄荆灌丛	面积		646.35	984.04	509.97		2 140.36
	百分比		30.20	45.98	23.83		0.03
黄栌灌丛	面积	313.54	7 062.02	255 052.15	14 849.35	910.20	278 187.26
	百分比	0.11	2.54	91.68	5.34	0.33	4.16

续表 1

灌丛群系名称		坡度					总计
		平坡	缓坡	斜坡	陡坡	急坡	
黄毛杜鹃、 金背枇杷灌丛	面积	15 185.58	8 453.99	21 716.23	10 681.23	123.01	56 160.03
	百分比	27.04	15.05	38.67	19.02	0.22	0.84
火棘灌丛	面积	86 038.52	30 400.45	47 323.71	25 048.44	768.59	189 579.71
	百分比	45.38	16.04	24.96	13.21	0.41	2.84
箭叶锦鸡儿灌丛	面积		114.80	57.09	163.39		335.28
	百分比		34.24	17.03	48.73		0.01
金露梅灌丛	面积	1 855.79	12 001.80	6 937.81	1 360.99		22 156.39
	百分比	8.38	54.17	31.31	6.14		0.33
绢毛蔷薇、 匍匐栒子灌丛	面积	26 539.88	71 072.46	132 588.49	47 398.01	824.63	278 423.47
	百分比	9.53	25.53	47.62	17.02	0.30	4.16
亮鳞杜鹃灌丛	面积	29 094.19	38 984.73	77 931.04	27 048.48	6 251.07	179 309.52
	百分比	16.23	21.74	43.46	15.08	3.49	2.68
马桑灌丛	面积	47 270.80	106 370.35	241 086.95	414 414.79	1 560.38	810 703.27
	百分比	5.83	13.12	29.74	51.12	0.19	12.12
毛枝山居柳灌丛	面积		301.38	4 319.86	53.56		4 674.80
	百分比		6.45	92.41	1.15		0.07
茅栗灌丛	面积	6 468.46	31 266.84	17 875.04	58 603.66	1 553.58	115 767.58
	百分比	5.59	27.01	15.44	50.62	1.34	1.73
南烛、 矮杨梅灌丛	面积	8 696.17	19 342.99	26 605.76	3 327.34	73.14	58 045.40
	百分比	14.98	33.32	45.84	5.73	0.13	0.87
蔷薇、 栒子灌丛	面积	46 033.20	106 339.26	125 118.48	40 574.83	402.87	318 468.64
	百分比	14.45	33.39	39.29	12.74	0.13	4.76
沙棘灌丛	面积	44.32	720.21	4 313.95			5 078.48
	百分比	0.87	14.18	84.95			0.08
栓皮栎、 麻栎灌丛	面积	7 829.84	234 459.13	66 442.78	6 226.05	1 212.92	316 170.72
	百分比	2.48	74.16	21.01	1.97	0.38	4.73
太白、 杜鹃灌丛	面积	94.55	1 355.91	4 019.71	1 776.81	1 232.90	8 479.88
	百分比	1.12	15.99	47.40	20.95	14.54	0.13

续表 2

灌丛群系名称		坡度					总计
		平坡	缓坡	斜坡	陡坡	急坡	
铁仔灌丛	面积		0.34	199.37			199.71
	百分比		0.17	99.83			0.003
头花杜鹃、百里花杜鹃灌丛	面积	19 028.77	83 930.31	101 448.94	27 972.45	2 407.78	234 788.24
	百分比	8.10	35.75	43.21	11.91	1.03	3.51
乌饭叶矮柳灌丛	面积	49 963.79	216 832.09	259 727.54	90 714.38	5 442.94	622 680.73
	百分比	8.02	34.82	41.71	14.57	0.87	9.31
仙人掌、金合欢灌丛	面积	2 311.18	6 136.66	8 214.91	2 052.02	281.29	18 996.07
	百分比	12.17	32.30	43.25	10.80	1.48	0.28
腺房杜鹃灌丛	面积	407.47	7 619.76	3 656.65	1 226.93	63.68	12 974.49
	百分比	3.14	58.73	28.18	9.46	0.49	0.19
香柏灌丛	面积	152.29	464.12	728.13	205.96		1 550.50
	百分比	9.82	29.93	46.96	13.28		0.02
盐肤木、云南山蚂蝗灌丛	面积	297.74	1 754.51	93.46	220.21		2 365.93
	百分比	12.58	74.16	3.95	9.31		0.04
盐肤木灌丛	面积	2 155.92	15 679.18	16 279.29	1 206.80	885.88	36 207.07
	百分比	5.95	43.30	44.96	3.33	2.45	0.54
腋花杜鹃灌丛	面积	22 824.91	153 635.69	82 948.29	35 500.04	2 450.72	297 359.65
	百分比	7.68	51.67	27.89	11.94	0.82	4.45
硬叶柳灌丛	面积	10 326.63	72 191.13	41 355.53	4 751.91	1 997.47	130 622.67
	百分比	7.91	55.27	31.66	3.64	1.53	1.95
永宁杜鹃灌丛	面积	8 265.32	18 375.35	40 160.02	19 808.81	6 455.24	93 064.73
	百分比	8.88	19.74	43.15	21.28	6.94	1.39
余甘子灌丛	面积	21 943.73	6 480.37	3 286.84	3 223.32	158.46	35 092.72
	百分比	62.53	18.47	9.37	9.19	0.45	0.52
窄叶鲜卑花灌丛	面积	33 793.59	224 127.84	228 850.98	59 644.51	6 458.42	552 875.35
	百分比	6.11	40.54	41.39	10.79	1.17	8.27
竹叶椒灌丛	面积	7 117.28	2 451.22	6 651.55	382.70		16 602.75
	百分比	42.87	14.76	40.06	2.31		0.25
总计	面积	674 984.51	2 162 673.31	2 496 601.07	1 220 802.95	131 625.12	6 686 686.96
	百分比	10.09	32.34	37.34	18.26	1.97	100.00

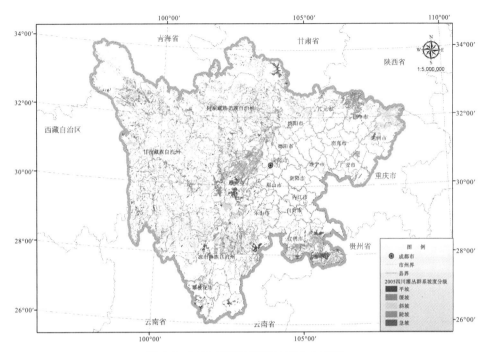

图 5-6　2005 年灌丛群系坡度分布总图

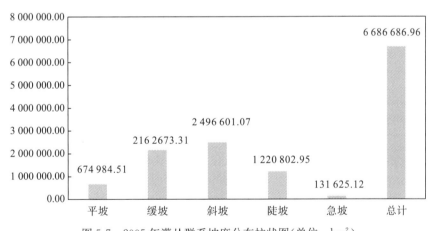

图 5-7　2005 年灌丛群系坡度分布柱状图（单位：hm²）

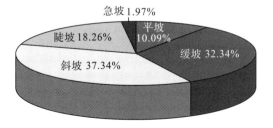

图 5-8　2005 年灌丛群系坡度分布百分比图

　　总体来看，灌丛群系主要分布在缓坡和斜坡地区，其次为平坡和陡坡地区，在急坡地区分布最少。从所占比率来看，斜坡分布的灌丛最多，占到了灌丛总面积的 37.34%；分布最少的在急坡区域，灌丛群系面积占比仅为 1.97%。

　　(1)矮高山栎灌丛总面积为 157 663.67hm²，占总灌丛面积的 2.36%。分布最多的在缓坡地区，面积为 47 985.94hm²，占比为 30.44%；分布最少的在急坡地区，面积为 644.15hm²，占比为 0.41%。

　　(2)白刺花、小马鞍叶灌丛总面积为 183 014.53 hm²，占总灌丛面积的 2.73%。其中在斜坡地区分布最多，面积为 94 390.59hm²，占比为 51.58%；在急坡区域分布最少，面积为 387.76hm²，占比仅为 0.21%。

　　(3)白栎灌丛面积为 242 931.66hm²，占总灌丛面积的 3.63%。主要分布在缓坡地区，面积为 81 302.84hm²，占比为 33.47%；分布最少的地区是急坡地区，面积为 1 371.31hm²，占比仅为 0.56%。

　　(4)草原杜鹃灌丛面积为 861 557.27hm²，占灌丛面积的 12.88%。分布最多的是斜坡地区，面积为 358 970.70hm²，占比为 41.67%；分布最少的是急坡地区，面积为 8 870.87hm²，占比仅为 1.03%。

　　(5)柽柳灌丛总面积为 9 359.23hm²，占灌丛面积的 0.14%。分布最多的是斜坡地区，面积为 4 353.25hm²，占比为 46.51%；分布最少的是陡坡地区，面积为 565.53hm²，占比为 6.04%；急坡区域没有分布。

　　(6)淡黄杜鹃灌丛总面积为 166 209.93hm²，占总灌丛面积的 2.49%。分布最多的是斜坡地区，面积为 68 470.17hm²，占比为 41.19%；分布最少的是急坡地区，面积为 1 774.37hm²，占比为 1.07%。

　　(7)地盘松灌丛总面积为 43 531.62hm²，占灌丛总面积的 0.65%。分布最多的是斜坡地区，面积为 18 812.15hm²，占比为 43.21%；分布最少的是急坡地区，面积为 146.97hm²，占比为 0.34%。

　　(8)滇榛灌丛总面积为 323 070.12hm²，占灌丛总面积的 4.83%。分布最多的是缓坡地区，面积为 162 638.79hm²，占比为 50.34%；分布最少的是平坡地区，面积为 10 592.56hm²，占比为 3.28%。

　　(9)高山绣线菊灌丛总面积为 287.54hm²，占灌丛总面积的 0.004%。绝大多数分布在斜坡地区。面积为 249.73hm²，占比为 86.85%；其余分布在缓坡地区，面积为 37.81hm²，占比为 13.15%。平坡、陡坡及急坡地区没有分布。

　　(10)黄荆灌丛总面积为 2 140.36hm²，占灌丛总面积的 0.03%。分布最多的是斜坡地区，面积为 984.04hm²，占比为 45.98%；分布最少的是陡坡地区，面积 509.97hm²，占比为 23.83%。平坡和急坡地区没有分布。

　　(11)黄栌灌丛总面积为 278 187.26hm²，占灌丛总面积的 4.16%。绝大多数分布在斜坡地区，面积为 255 052.15hm²，占比为 91.68%；最少的位于急坡地区，面积为 910.20hm²，占比为 0.33%。

(12)黄毛杜鹃、金背枇杷灌丛总面积为 56 160.03hm²，占灌丛总面积的 0.84%。分布最多的区域是斜坡地区，面积为 21 716.23hm²，占比为 38.67%；分布最少的是急坡地区，面积仅为 123.01hm²，占比为 0.22%。

(13)火棘灌丛总面积为 189 579.71hm²，占灌丛总面积的 2.84%。分布最多的是平坡地区，面积为 86 038.52hm²，占比为 45.38%；分布最少的是急坡地区，面积为 768.59hm²，占比为 0.41%。

(14)箭叶锦鸡儿灌丛总面积为 335.28hm²，占灌丛总面积的 0.01%。分布最多的是陡坡地区，面积为 163.39hm²，占比为 48.73%；分布最少的是斜坡地区，面积为 57.09hm²，占比为 17.03%；平坡和急坡地区没有分布。

(15)金露梅灌丛总面积为 22 156.39hm²，占灌丛总面积的 0.33%。分布最多的是缓坡地区，面积为 12 001.80hm²，占比为 54.17%；分布最少的是陡坡地区，面积为 1 360.99hm²，占比为 6.14%；急坡地区没有分布。

(16)绢毛蔷薇、匍匐栒子灌丛总面积为 278 423.47hm²，占灌丛总面积的 4.16%。分布最多的是斜坡地区，面积为 132 588.49hm²，占比为 47.62%；分布最少的是急坡地区，面积仅为 824.63hm²，占比仅为 0.30%。

(17)亮鳞杜鹃灌丛总面积为 179 309.52hm²，占灌丛总面积的 2.68%。分布最多的是斜坡地区，面积为 77 931.04hm²，占比为 43.46%；分布最少的是急坡地区，面积为 6 251.07hm²，占比为 3.49%。

(18)马桑灌丛总面积为 810 703.27hm²，占灌丛总面积的 12.12%。分布最多的是陡坡地区，面积为 414 414.79hm²，占比为 51.12%；分布最少的是急坡地区，面积为 1 560.38hm²，占比为 0.19%。

(19)毛枝山居柳灌丛总面积为 4 674.80hm²，占灌丛总面积的 0.07%。绝大多数分布在斜坡地区，面积为 4 319.86hm²，占比为 92.41%；分布最少的是陡坡地区，面积为 53.56hm²，占比仅为 1.15%；平坡和急坡地区没有分布。

(20)茅栗灌丛总面积为 115 767.58hm²，占灌丛总面积的 1.73%。分布最多的是陡坡地区，面积为 58 603.66hm²，占比为 50.62%；分布最少的是急坡地区，面积仅为 1 553.58hm²，占比仅为 1.34%。

(21)南烛、矮杨梅灌丛总面积为 58 045.40hm²，占灌丛总面积的 0.87%。分布最多的是斜坡地区，面积为 26 605.76hm²，占比为 45.84%；分布最少的是急坡地区，面积为 73.14hm²，占比为 0.13%。

(22)蔷薇、栒子灌丛总面积为 318 468.64hm²，占灌丛总面积的 4.76%。分布最多的是斜坡地区，面积为 125 118.48hm²，占比为 39.29%；分布最少的是急坡地区，面积为 402.87hm²，占比为 0.13%。

(23)沙棘灌丛总面积为 5 078.48hm²，占灌丛总面积的 0.08%。分布最多的是斜坡地区，面积为 4 313.95hm²，占比为 84.95%，分布最少的是平坡地区，面积仅为 44.32hm²，占比为 0.87%；陡坡和急坡地区均无分布。

(24)栓皮栎、麻栎灌丛总面积为 316 170.72hm²，占灌丛总面积的 4.73%。分布最多的是缓坡地区，面积为 234 459.13hm²，占比为 74.16%；分布最少的是急坡地区，面积为 1 212.92hm²，占比仅为 0.38%。

(25)太白杜鹃灌丛总面积为 8 479.88hm²，占灌丛总面积的 0.13%。分布最多的是斜坡地区，面积为 4 019.71hm²，占比为 47.40%；分布最少的是平坡地区，面积仅为 94.55hm²，占比为 1.12%。

(26)铁仔灌丛总面积为 199.71hm²，占灌丛总面积的 0.003%。绝大多数分布在斜坡地区，面积为 199.37hm²，占比为 99.83%；高山地区有少量分布，面积为 0.34hm²，占比为 0.17%；平坡、陡坡和急坡地区没有分布。

(27)头花杜鹃、白里花杜鹃灌丛总面积为 234 788.24hm²，占灌丛总面积的 3.51%。分布最多的是斜坡地区，面积为 101 448.94hm²，占比为 43.21%；分布最少的是急坡地区，面积为 2 407.78hm²，占比仅为 1.03%。

(28)乌饭叶矮柳灌丛总面积为 622 680.73hm²，占灌丛总面积的 9.31%。分布最多的是斜坡地区，面积为 259 727.54hm²，占比为 41.71%；分布最少的是急坡地区，面积为 5 442.94hm²，占比为 0.87%。

(29)仙人掌、金合欢灌丛总面积为 18 996.07hm²，占灌丛总面积的 0.28%。分布最多的是斜坡地区，面积为 8 214.91hm²，占比为 43.25%；分布最少的是急坡地区，面积为 281.29hm²，占比为 1.48%。

(30)腺房杜鹃灌丛总面积为 12 974.49hm²，占灌丛总面积的 0.19%。分布最多的是缓坡地区，面积为 7 619.76hm²，占比为 58.73%；分布最少的是急坡地区，面积仅为 63.68hm²，占比为 0.49%。

(31)香柏灌丛总面积为 1 550.50hm²，占灌丛总面积的 0.02%。分布最多的是斜坡地区，面积为 728.13hm²，占比为 46.96%；分布最少的是平坡地区，面积为 152.29hm²，占比为 9.82%；急坡地区没有分布。

(32)盐肤木、云南山蚂蝗灌丛总面积为 2 365.93hm²，占灌丛总面积的 0.04%。分布最多在缓坡地区，面积为 1 754.51hm²，占比为 74.16%；斜坡地区分布面积为 93.46hm²，占比为 3.95%；急坡地区没有分布。

(33)盐肤木灌丛总面积为 36 207.07hm²，占灌丛总面积的 0.54%。分布最多的是斜坡地区，面积为 16 279.29hm²，占比为 44.96%；分布最少的是急坡地区，面积为 885.88hm²，占比为 2.45%。

(34)腋花杜鹃灌丛总面积为 297 359.65hm²，占灌丛总面积的 4.45%。分布最多的是缓坡地区，面积为 153 635.69hm²，占比为 51.67%；分布最少的是急坡地区，面积为 2 450.72hm²，占比为 0.82%。

(35)硬叶柳灌丛总面积为 130 622.67hm²，占灌丛总面积的 1.95%。分布最多的是缓坡地区，面积为 72 191.13hm²，占比为 55.27%；分布最少的是急坡地区，面积为 1 997.47hm²，占比为 1.53%。

(36)永宁杜鹃灌丛总面积为 93 064.73hm²，占灌丛总面积的 1.39%。分布最多的是斜坡地区，面积为 40 160.02hm²，占比为 43.15%；分布最少的是急坡地区，面积为 6 455.24hm²，占比为 6.94%。

(37)余甘子灌丛总面积为 35 092.72hm²，占灌丛总面积的 0.52%。分布最多的是平坡地区，面积为 21 943.73hm²，占比为 62.53%；分布最少的是急坡地区，面积为 158.46hm²，占比为 0.45%。

(38)窄叶鲜卑花灌丛总面积为 552 875.35hm²，占灌丛总面积的 8.27%。分布最多的是斜坡地区，面积为 228 850.98hm²，占比为 41.39%；分布最少的是急坡地区，面积为 6 458.42hm²，占比为 1.17%。

(39)竹叶椒灌丛总面积为 16 602.75hm²，占灌丛总面积的 0.25%。分布最多的是平坡地区，面积为 7 117.28hm²，占比为 42.87%；分布最少的是陡坡地区，面积为 382.70hm²，占比仅为 2.31%；急坡地区没有分布。

5.1.4　灌丛群系不同坡向上的分布规律

通过表 5-6、图 5-9、图 5-10 及图 5-11 可知 2005 年各灌丛群系在坡向上的分布规律。

表 5-6　2005 年灌丛群系不同坡度分布统计表　　　　（单位：hm²，%）

灌丛群系名称		坡向分级				总计
		半阳坡	半阴坡	阳坡	阴坡	
矮高山栎灌丛	面积	91.32		157 572.35		157 663.67
	百分比	0.06		99.94		2.36
白刺花、小马鞍叶灌丛	面积	247.86		182 005.98	760.69	183 014.53
	百分比	0.14		99.45	0.42	2.74
白栎灌丛	面积	399.32	22.44	242 509.89		242 931.66
	百分比	0.16	0.01	99.83		3.63
草原杜鹃灌丛	面积	1 909.41	20.05	859 625.06	2.75	861 557.27
	百分比	0.22	0.002	99.78	0.000 3	12.88
柽柳灌丛	面积			9 359.23		9 359.23
	百分比			100.00		0.14
淡黄杜鹃灌丛	面积	416.52		165 793.41		166 209.93
	百分比	0.25		99.75		2.49
地盘松灌丛	面积	1 130.13	192.28	40 779.71	1 429.50	43 531.62
	百分比	2.60	0.44	93.68	3.28	0.65

续表 1

灌丛群系名称		坡向分级				总计
		半阳坡	半阴坡	阳坡	阴坡	
滇榛灌丛	面积			323 070.12		323 070.12
	百分比			100.00		4.83
高山绣线菊灌丛	面积			287.54		287.54
	百分比			100.00		0.00
黄荆灌丛	面积			2 140.36		2 140.36
	百分比			100.00		0.03
黄栌灌丛	面积			278 187.26		278 187.26
	百分比			100.00		4.16
黄毛杜鹃、金背枇杷灌丛	面积	912.81		43 657.38	11 589.84	56 160.03
	百分比	1.63		77.74	20.64	0.84
火棘灌丛	面积	48.56	59.45	171 816.21	17 655.48	189 579.71
	百分比	0.03	0.03	90.63	9.31	2.84
箭叶锦鸡儿灌丛	面积			335.28		335.28
	百分比			100.00		0.01
金露梅灌丛	面积			22 156.39		22 156.39
	百分比			100.00		0.33
绢毛蔷薇、匍匐栒子灌丛	面积			278 423.47		278 423.47
	百分比			100.00		4.16
亮鳞杜鹃灌丛	面积	60.45		178 445.04	804.03	179 309.52
	百分比	0.03		99.52	0.45	2.68
马桑灌丛	面积			810 703.27		810 703.27
	百分比			100.00		12.12
毛枝山居柳灌丛	面积			4 674.80		4 674.80
	百分比			100.00		0.07
茅栗灌丛	面积	2 861.44		112 906.15		115 767.58
	百分比	2.47		97.53		1.73
南烛、矮杨梅灌丛	面积	1 126.34		50 148.65	6 770.41	58 045.40
	百分比	1.94		86.40	11.66	0.87
蔷薇、栒子灌丛	面积	232.39		317 272.75	963.50	318 468.64
	百分比	0.07		99.62	0.30	4.76

续表 2

灌丛群系名称		坡向分级				总计
		半阳坡	半阴坡	阳坡	阴坡	
沙棘灌丛	面积			5 078.48		5 078.48
	百分比			100.00		0.08
栓皮栎、麻栎灌丛	面积			316 170.72		316 170.72
	百分比			100.00		4.73
太白、杜鹃灌丛	面积			8 479.88		8 479.88
	百分比			100.00		0.13
铁仔灌丛	面积			199.71		199.71
	百分比			100.00		0.00
头花杜鹃、百里花杜鹃灌丛	面积	10.74	19.48	234 758.02		234 788.24
	百分比	0.005	0.01	99.99		3.51
乌饭叶矮柳灌丛	面积	43.86		622 636.87		622 680.73
	百分比	0.01		99.99		9.31
仙人掌、金合欢灌丛	面积			18 996.07		18 996.07
	百分比			100.00		0.28
腺房杜鹃灌丛	面积	19.13		12 955.36		12 974.49
	百分比	0.15		99.85		0.19
香柏灌丛	面积			1 550.50		1 550.50
	百分比			100.00		0.02
盐肤木、云南山蚂蝗灌丛	面积	26.80		2 339.13		2 365.93
	百分比	1.13		98.87		0.04
盐肤木灌丛	面积	720.68		35 486.39		36 207.07
	百分比	1.99		98.01		0.54
腋花杜鹃灌丛	面积	1 395.12	52.43	295 912.10		297 359.65
	百分比	0.47	0.02	99.51		4.45
硬叶柳灌丛	面积			130 521.62	101.05	130 622.67
	百分比			99.92	0.08	1.95
永宁杜鹃灌丛	面积	631.32		92 433.41		93 064.73
	百分比	0.68		99.32		1.39
余甘子灌丛	面积	69.11	27.11	17 863.12	17 133.38	35 092.72
	百分比	0.20	0.08	50.90	48.82	0.52

续表 3

灌丛群系名称		坡向分级				总计
		半阳坡	半阴坡	阳坡	阴坡	
窄叶鲜卑花灌丛	面积			551 655.62	1 219.72	552 875.35
	百分比			99.78	0.22	8.27
竹叶椒灌丛	面积			10 918.14	5 684.61	16 602.75
	百分比			65.76	34.24	0.25
总计	面积	12 353.32	393.25	6 609 825.42	64 114.98	6 686 686.96
	百分比	0.18	0.01	98.85	0.96	100.00

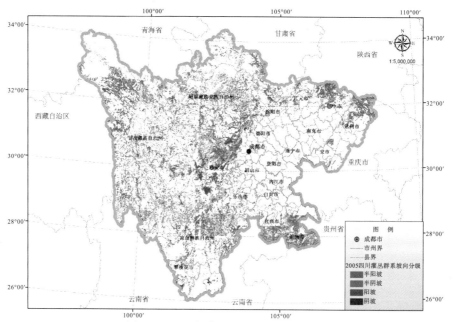

图 5-9　2005 年灌丛群系坡向分布总图

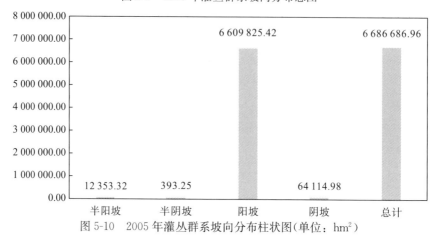

图 5-10　2005 年灌丛群系坡向分布柱状图(单位：hm²)

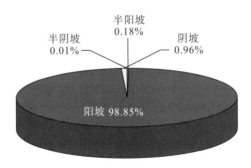

图 5-11　2005 年灌丛群系坡向分布百分比图

总体来看，灌丛群系绝大多数分布在阳坡地区，其次为阴坡、半阳坡和半阴坡地区，在半阴坡地区分布最少。从所占比率来看，阳坡地区分布的灌丛占到了灌丛总面积的 98.85％，为最多的区域；分布最少的在半阴坡区域，灌丛群系面积占比仅为 0.01％。

(1)矮高山栎灌丛总面积为 157 663.67hm²，占总灌丛面积的 2.36％。分布最多的在阳坡地区，面积为 157 572.35hm²，占比为 99.94％；分布最少的在半阳坡地区，面积为 91.32hm²，占比仅为 0.06％；半阴坡和阴坡地区没有分布。

(2)白刺花、小马鞍叶灌丛总面积为 183 014.53hm²，占总灌丛面积的 2.73％。其中在阳坡地区分布最多，面积为 182 005.98hm²，占比为 99.45％；在半阳坡区域分布最少，面积为 247.86hm²，占比为 0.14％；半阴坡地区没有分布。

(3)白栎灌丛面积为 242 931.66hm²，占总灌丛面积的 3.63％。主要分布在阳坡地区，面积为 242 509.89hm²，占比为 99.83％；分布最少的地区是半阴坡地区，面积为 22.44hm²，占比仅为 0.01％；阴坡区域没有分布。

(4)草原杜鹃灌丛面积为 861 557.27hm²，占灌丛面积的 12.88％。分布最多的是阳坡地区，面积为 859 625.06hm²，占比为 99.78％；分布最少的是极阴坡地区，面积为 2.75hm²，占比仅为 0.000 3％。

(5)柽柳灌丛总面积为 9 359.23hm²，占灌丛面积的 0.14％，仅在阳坡有分布。

(6)淡黄杜鹃灌丛总面积为 166 209.93hm²，占总灌丛面积的 2.49％。分布最多的是阳坡地区，面积为 165 793.41hm²，占比为 99.75％；分布最少的是半阳坡地区，面积是 416.52hm²，占比为 0.25％；半阴坡和阴坡地区没有分布。

(7)地盘松灌丛总面积为 43 531.62hm²，占灌丛总面积的 0.65％。分布最多的是阳坡地区，面积为 40 779.71hm²，占比为 93.68％；分布最少的是半阴坡地区，面积为 192.28，占比为 0.44％。

(8)滇榛灌丛总面积为 323 070.12hm²，占灌丛总面积的 4.83％，仅在阳坡地区有分布。

(9)高山绣线菊灌丛总面积为 287.54hm²，占灌丛总面积的 0.004%，仅在高山地区有所分布。

(10)黄荆灌丛总面积为 2 140.36hm²，占灌丛总面积的 0.03%，仅在阳坡地区有所分布。

(11)黄栌灌丛总面积为 278 187.26hm²，占灌丛总面积的 4.16%，仅在阳坡地区有所分布。

(12)黄毛杜鹃、金背枇杷灌丛总面积为 56 160.03hm²，占灌丛总面积的 0.84%。分布最多的区域是阳坡地区，面积为 43 657.38hm²，占比为 77.74%；分布最少的是半阳坡地区，面积为 912.81hm²，占比为 1.63%；半阴坡地区没有分布。

(13)火棘灌丛总面积为 189 579.71hm²，占灌丛总面积的 2.84%。分布最多的是阳坡地区，面积为 171 816.21hm²，占比为 90.63%；分布最少的是半阳坡地区，面积为 48.56hm²，占比为 0.03%。

(14)箭叶锦鸡儿灌丛总面积为 335.28hm²，占灌丛总面积的 0.01%，仅在阳坡地区有所分布。

(15)金露梅灌丛总面积为 22 156.39hm²，占灌丛总面积的 0.33%，仅在阳坡地区有所分布。

(16)绢毛蔷薇、匍匐栒子灌丛总面积为 278 423.47hm²，占灌丛总面积的 4.16%，仅在阳坡地区有所分布。

(17)亮鳞杜鹃灌丛总面积为 179 309.52hm²，占灌丛总面积的 2.68%。分布最多的是阳坡地区，面积为 178 445.04hm²，占比为 99.52%；分布最少的是半阳坡地区，面积为 60.45hm²，占比为 0.03%；半阴坡地区没有分布。

(18)马桑灌丛总面积为 810 703.27hm²，占灌丛总面积的 12.12%，仅在阳坡地区有所分布。

(19)毛枝山居柳灌丛总面积为 4 674.80hm²，占灌丛总面积的 0.07%，仅在阳坡地区有所分布。

(20)茅栗灌丛总面积为 115 767.58hm²，占灌丛总面积的 1.73%。分布最多的是阳坡地区，面积为 112 906.15hm²，占比为 97.53%；分布最少的是半阳坡地区，面积仅为 2 861.44hm²，占比仅为 2.47%；半阴坡和阴坡地区没有分布。

(21)南烛、矮杨梅灌丛总面积为 58 045.40hm²，占灌丛总面积的 0.87%。分布最多的是阳坡地区，面积为 50 148.65hm²，占比为 86.40%；分布最少的是半阳坡地区，面积为 1 126.34hm²，占比为 1.94%；半阴坡和阴坡地区没有分布。

(22)蔷薇、栒子灌丛总面积为 318 468.64hm²，占灌丛总面积的 4.76%。分布最多的是阳坡地区，面积为 317 272.75hm²，占比为 99.62%；分布最少的是半阳坡地区，面积为 232.39hm²，占比为 0.07%；半阴坡地区没有分布。

(23)沙棘灌丛总面积为 5 078.48hm²，占灌丛总面积的 0.08%，仅在阳坡地区有所分布。

(24)栓皮栎、麻栎灌丛总面积为 316 170.72hm²，占灌丛总面积的 4.73%，仅在阳坡地区有所分布。

(25)太白杜鹃灌丛总面积为 8 479.88hm²，占灌丛总面积的 0.13%，仅在阳坡地区有所分布。

(26)铁仔灌丛总面积为 199.71hm²，占灌丛总面积的 0.003%，仅在阳坡地区有所分布。

(27)头花杜鹃、白里花杜鹃灌丛总面积为 234 788.24hm²，占灌丛总面积的 3.51%。分布最多的是阳坡地区，面积为 234 758.02hm²，占比为 99.99%；分布最少的是半阳坡地区，面积为 10.74hm²，占比仅为 0.005%。

(28)乌饭叶矮柳灌丛总面积为 622 680.73hm²，占灌丛总面积的 9.31%。分布最多的是阳坡地区，面积为 622 636.87hm²，占比 99.99%；分布最少的是半阳坡地区，面积为 43.86hm²，占比为 0.01%；半阴坡和阴坡地区没有分布。

(29)仙人掌、金合欢灌丛总面积为 18 996.07hm²，占灌丛总面积的 0.28%，仅在阳坡地区有所分布。

(30)腺房杜鹃灌丛总面积为 12 974.49hm²，占灌丛总面积的 0.19%。分布最多的是阳坡地区，面积为 12 955.36hm²，占比为 99.85%；最少的是半阳坡地区，面积仅为 19.13hm²，占比为 0.15%；半阴坡和阴坡地区没有分布。

(31)香柏灌丛总面积为 1 550.50hm²，占灌丛总面积的 0.02%，仅在阳坡地区有所分布。

(32)盐肤木、云南山蚂蟥灌丛总面积为 2 365.93hm²，占灌丛总面积的 0.04%。分布最多的是阳坡地区，面积为 2 339.13hm²，占比为 98.87%；分布最少的是半阳坡地区，面积为 26.80hm²，占比为 1.13%；半阴坡和阴坡地区没有分布。

(33)盐肤木灌丛总面积为 36 207.07hm²，占灌丛总面积的 0.54%。分布最多的是阳坡地区，面积为 35 486.39hm²，占比为 98.01%；最少的是半阳坡地区，面积为 720.68hm²，占比为 1.99%；在半阴坡和阴坡地区没有分布。

(34)腋花杜鹃灌丛总面积为 297 359.65hm²，占灌丛总面积的 4.45%。分布最多的是阳坡地区，面积为 295 912.10hm²，占比为 99.51%；最少的是半阴坡地区，面积为 52.43hm²，占比为 0.02%；阴坡地区没有分布。

(35)硬叶柳灌丛总面积为 130 622.67hm²，占灌丛总面积的 1.95%。分布最多的是阳坡地区，面积为 130 521.62hm²，占比为 99.92%；最少的是阴坡地区，面积为 101.05hm²，占比为 0.08%；半阳坡和半阴坡没有分布。

(36)永宁杜鹃灌丛总面积为 93 064.73hm²，占灌丛总面积的 1.39%。分布最多的是阳坡地区，面积为 92 433.41hm²，占比为 99.32%；分布最少的是半阳坡地区，面积为 631.32hm²，占比为 0.68％；半阴坡和阴坡地区没有分布。

(37)余甘子灌丛总面积为 35 092.72hm²，占灌丛总面积的 0.52％。分布最多的是阳坡地区，面积为 17 863.12hm²，占比为 50.90％；最少的是半阴坡地区，面积为 27.11hm²，占比为 0.08％。

(38)窄叶鲜卑花灌丛总面积为 552 875.35hm²，占灌丛总面积的 8.27％。分布最多的是阳坡地区，面积为 551 655.62hm²，占比为 99.78％；最少的是阴坡地区，面积为 1 219.72hm²，占比为 0.22％；半阳坡和半阴坡地区没有分布。

(39)竹叶椒灌丛总面积为 16 602.75hm²，占灌丛总面积的 0.25％。分布最多的是阳坡地区，面积为 10 918.14hm²，占比为 65.76％；最少的是阴坡地区，面积 5 684.61hm²，占比仅为 34.24％；半阳坡和半阴坡地区没有分布。

5.2　2005 年四川省主要灌丛群系组空间分布规律

按照实地调查及综合判读分析得知，四川省的灌丛群系组数量共计 24 种，总面积为 6 686 686.96hm²。其中分布最多的灌丛群系组是高山杜鹃灌丛，其面积达到了 1 189 410.24hm²，占比为 17.79％，占全省面积的 2.45％；分布最少的灌丛群系组为高山绣线菊灌丛，面积为 287.54hm²，占比为 0.004％，占全省面积仅为 0.000 1％，具体分布面积见表 5-7 所示。本节分别对其进行不同行政区域、不同海拔、不同坡度及不同坡向上分布规律的研究。

表 5-7　灌丛群系组面积统计表

灌丛群系组	面积/hm²	占灌丛面积百分比/％	占全省面积百分比/％
高山杜鹃灌丛	1 189 410.24	17.79	2.452
高山金露梅灌丛	22 156.39	0.33	0.046
高山锦鸡儿灌丛	335.28	0.01	0.001
高山柳类灌丛	757 978.2	11.34	1.563
高山沙棘灌丛	5 078.48	0.08	0.010
高山鲜卑花灌丛	552 875.35	8.27	1.140
高山香柏灌丛	1 550.5	0.02	0.003
高山绣线菊灌丛	287.54	0.00	0.001
河谷白刺花灌丛	183 014.53	2.74	0.377
河谷黄栌灌丛	278 187.26	4.16	0.574
河谷仙人掌类灌丛	18 996.07	0.28	0.039
河谷余甘子灌丛	35 092.72	0.52	0.072
荒漠柽柳灌丛	9 359.23	0.14	0.019
山地火棘灌丛	189 579.71	2.84	0.391

续表 1

灌丛群系组	面积/hm²	占灌丛面积百分比/%	占全省面积百分比/%
山地栎类灌丛	674 869.96	10.09	1.391
山地马桑灌丛	812 843.64	12.16	1.676
山地南烛灌丛	58 045.4	0.87	0.120
山地蔷薇灌丛	596 892.11	8.93	1.231
山地盐肤木灌丛	38 573	0.58	0.080
山地榛子灌丛	323 070.12	4.83	0.666
山地竹叶椒灌丛	16 802.46	0.25	0.035
亚高山地盘松灌丛	43 531.62	0.65	0.090
亚高山杜鹃灌丛	720 493.51	10.78	1.486
亚高山栎类灌丛	157 663.67	2.36	0.325
总计	6 686 686.96	100.00	13.787

5.2.1　灌丛群系组不同行政区域上的分布

通过表 5-8 和图 5-12、图 5-13 可知 2005 灌丛群系组在四川省各个市州分布的总体规律。其中分布区域较多的几个市州集中在甘孜州、阿坝州和凉山州，占比分别为 32.77%，24.91% 和 12.07%；分布较少的几个市州分别为遂宁、南充、资阳、自贡等市州，占比分别为 0.002%，0.05%，0.07% 及 0.08%。

表 5-8　灌丛群系组行政区域分布面积统计表

行政区域	面积/hm²	百分比/%
阿坝州	1 665 496.62	24.91
巴中市	312 158.95	4.67
成都市	26 212.05	0.39
达州市	61 423.33	0.92
德阳市	28 835.32	0.43
甘孜州	2 191 383.48	32.77
广安市	16 342.50	0.24
广元市	375 279.00	5.61
乐山市	130 303.42	1.95
凉山州	807 036.01	12.07
泸州市	328 707.16	4.92
眉山市	117 790.58	1.76
绵阳市	159 200.78	2.38
南充市	3 400.72	0.05
内江市	9 099.10	0.14
攀枝花市	58 669.66	0.88

续表1

行政区域	面积/hm²	百分比/%
遂宁市	137.81	0.00
雅安市	210 947.31	3.15
宜宾市	173 755.91	2.60
资阳市	4 950.01	0.07
自贡市	5 557.23	0.08
总计	6 686 686.96	100.00

图 5-12　灌丛群系组行政区域分布图

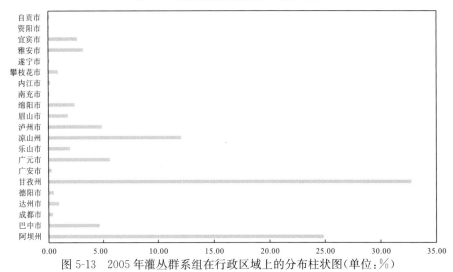

图 5-13　2005 年灌丛群系组在行政区域上的分布柱状图(单位:%)

表 5-9　2005 年灌丛群系组行政区域分布统计表 （单位：hm²，%）

灌丛群系组		行政区域																					总计
		阿坝州	巴中市	成都市	达州市	德阳市	甘孜州	广安市	广元市	乐山市	凉山州	泸州市	眉山市	绵阳市	南充市	内江市	攀枝花市	遂宁市	雅安市	宜宾市	资阳市	自贡市	
高山杜鹃灌丛	面积	389 099.20		2 026.13		2 658.65	746 301.82				28 948.89			8 463.68					11 911.86				1 189 410.24
	百分比	32.71		0.17		0.22	62.75				2.43			0.71					1.00				17.79
高山金露梅灌丛	面积	21 955.46									200.94												22 156.39
	百分比	99.09									0.91												0.33
高山锦鸡儿灌丛	面积													335.28									335.28
	百分比													100.00									0.01
高山柳类灌丛	面积	210 286.89		2 703.41		20 463.86	489 514.85				15 779.80			19 229.40									757 978.20
	百分比	27.74		0.36		2.70	64.58				2.08			2.54									11.34
高山沙棘灌丛	面积								5 078.48														5 078.48
	百分比								100.00														0.08
高山鲜卑花灌丛	面积	242 478.89					309 492.76							903.69									552 875.35
	百分比	43.86					55.98							0.16									8.27
高山香柏灌丛	面积						1 550.50																1 550.50
	百分比						100.00																0.02
高山绣线菊灌丛	面积	287.54																					287.54
	百分比	100.00																					0.004
河谷白刺花灌丛	面积	36 649.99					84 208.17				55 528.98						5 480.63			1 146.77			183 014.53
	百分比	20.03					46.01				30.34						2.99			0.63			2.74
河谷黄栌灌丛	面积	17 104.02	245 211.01		15 056.53									815.69									278 187.26
	百分比	6.15	88.15		5.41									0.29									4.16
河谷仙人掌类灌丛	面积						15 363.92				3 632.15												18 996.07
	百分比						80.88				19.12												0.28
河谷余甘子灌丛	面积										17 880.91								17 211.81				35 092.72
	百分比										50.95								49.05				0.52
荒漠柽柳灌丛	面积	9 359.23																					9 359.23
	百分比	100.00																					0.14
山地火棘灌丛	面积		1 407.58							15.55	45 331.08	37 618.22	80 863.83			612.12	741.16			19 432.18		3 557.99	189 579.71
	百分比		0.74							0.01	23.91	19.84	42.65			0.32	0.39			10.25		1.88	2.84
山地桤类灌丛	面积		33 611.70		5 596.60	3 035.10	16 333.50		244 714.24	882.21	1 444.09	218 016.12		13 816.13	2 424.87			130.67		134 864.74			674 869.96
	百分比		4.98		0.83	0.45	2.42		36.26	0.13	0.21	32.30		2.05	0.36			0.02		19.98			10.09
山地马桑灌丛	面积	379 235.34	31 928.66	18 468.77	40 770.20	2 124.55	64 184.84	9.01		107 106.18	13 271.31	8 492.75	23 383.24	59 479.28	975.84	8 486.99		7.14	45 001.95	2 968.33	4 950.01	1 999.24	812 843.64
	百分比	46.66	3.93	2.27	5.02	0.26	7.90	0.001 1		13.18	1.63	1.04	2.88	7.32	0.12	1.04		0.000 9	5.54	0.37	0.61	0.25	12.16
山地南烛灌丛	面积										50 327.25						7 718.15						58 045.40
	百分比										86.70						13.30						0.87
山地蔷薇灌丛	面积	225 209.99		3 013.74		553.16	145 404.98			18 364.54	21 049.95	93 619.86		52 646.30					36 959.45	70.14			596 892.11
	百分比	37.73		0.50		0.09	24.36			3.08	3.53	15.68		8.82					6.19	0.01			8.93
山地盐肤木灌丛	面积										2 365.93	21 334.47								14 872.60			38 573.00
	百分比										6.13	55.31								38.56			0.58
山地榛子灌丛	面积	55 887.39					139 507.59				7 640.09	6 555.95		86 894.77	1 050.31				25 534.01				323 070.12
	百分比	17.30					43.18				2.36	2.03		26.90	0.33				7.90				4.83

续表

灌丛群系组		行政区域																					总计
		阿坝州	巴中市	成都市	达州市	德阳市	甘孜州	广安市	广元市	乐山市	凉山州	泸州市	眉山市	绵阳市	南充市	内江市	攀枝花市	遂宁市	雅安市	宜宾市	资阳市	自贡市	
山地竹叶椒灌丛	面积						199.37			1 446.57	8 908.24						4 926.49		0.34	1 321.45			16 802.46
	百分比						1.19			8.61	53.02						29.32		0.002	7.86			0.25
亚高山地盘松灌丛	面积									12.91	43 518.71												43 531.62
	百分比									0.03	99.97												0.65
亚高山杜鹃灌丛	面积	77 942.67					175 432.85			34 553.30	342 932.55		7 512.56	2 461.01			22 591.43		56 840.67	226.47			720 493.51
	百分比	10.82					24.35			4.80	47.60		1.04	0.34			3.14		7.89	0.03			10.78
亚高山栎类灌丛	面积						20 221.84			6 116.01	97 773.55								33 552.27				157 663.67
	百分比						12.83			3.88	62.01								21.28				2.36
总计	面积	1 665 496.62	312 158.95	26 212.05	61 423.33	28 835.32	2 191 383.48	16 342.50	375 279.00	130 303.42	807 036.01	328 707.16	117 790.58	159 200.78	3 400.72	9 099.10	58 669.66	137.81	210 947.31	173 755.91	4 950.01	5 557.23	6 686 686.96
	百分比	24.91	4.67	0.39	0.92	0.43	32.77	0.24	5.61	1.95	12.07	4.92	1.76	2.38	0.05	0.14	0.88	0.00	3.15	2.60	0.07	0.08	100.00

通过表 5-9 可知四川省 2005 年灌丛的分布区域面积及所占的百分比。

(1)高山杜鹃灌丛总面积为 1 189 410.24hm²，占总灌丛面积的 17.79%，主要分布在阿坝州、成都市、德阳市、甘孜州、凉山州、绵阳市和雅安市 7 个市州。其中在甘孜州分布最多，面积为 746 301.82hm²，占比 62.75%；分布最少的为成都市，面积为 2 026.13hm²，占比仅为 0.17%。

(2)高山金露梅灌丛总面积为 22 156.39hm²，占总灌丛面积的 0.33%，主要分布阿坝州和凉山州 2 个地区。其中分布最多的在阿坝州，面积为 21 955.46hm²，占比为 99.09%；分布最少的区域是凉山州，面积为 200.94hm²，占比仅为 0.91%。

(3)高山锦鸡儿灌丛面积为 335.28hm²，占总灌丛面积的 0.01%，仅在绵阳市有所分布。

(4)高山柳类灌丛面积为 757 978.20hm²，占灌丛面积的 11.34%，主要分布在阿坝州、成都市、德阳市、甘孜州、凉山州、绵阳市等 6 个地区。其中分布最多的是甘孜州，面积为 489 514.85hm²，占比为 64.58%；分布最少的为成都市，面积为 2 703hm²，占比仅为 0.36%。

(5)高山沙棘灌丛总面积为 5 078.48hm²，占灌丛面积的 0.08%，仅在广元市有分布。

(6)高山鲜卑花灌丛总面积为 552 875.35hm²，占总灌丛面积的 8.27%，主要分布在阿坝州和甘孜州 2 个地区。甘孜州面积为 309 492.76hm²，占比 55.98%；阿坝州面积为 242 478.89hm²，占比为 43.86%。

(7)高山香柏灌丛总面积为 1 550.50hm²，占灌丛总面积的 0.02%，仅在甘孜州有所分布。

(8)高山绣线菊灌丛总面积为 287.54hm²，占灌丛总面积的 0.004%，仅在阿坝州有所分布。

(9)河谷白刺花灌丛总面积为 183 014.53hm²，占灌丛总面积的 2.74%，主要分布于阿坝州、甘孜州、凉山州、攀枝花市、雅安市等 5 个地区。其中分布最多的是甘孜州，面积为 84 208.17hm²，占比为 46.01%；分布最少的是雅安市，面积是 1 146.77hm²，占比为 0.63%。

(10)河谷黄栌灌丛总面积为 278 187.26hm²，占灌丛总面积的 4.16%，主要分布在阿坝州、巴中市、达州市、绵阳市等 4 个地区。其中分布最多的是巴中市，面积为 245 211.01hm²，占灌丛总面积的 88.15%；分布最少的是绵阳市，面积为 815.69hm²，占比为 0.29%。

(11)河谷仙人掌类灌丛总面积为 18 996.07hm²，占灌丛总面积的 0.28%，主要分布于甘孜州和凉山州 2 个市州。其中分布最多的是甘孜州，面积为 15 363.92hm²，占比为 80.88%；分布最少的是凉山州，面积为 3 632.15hm²，占比为 19.12%。

(12)河谷余甘子灌丛总面积为 35 092.72hm²，占灌丛总面积的 0.52%，主要分布于凉山州和攀枝花市。其中凉山州分布面积为 17 880.91hm²，占比为 50.95%；攀枝花分布面积为 17 211.81hm²，占比为 49.05%。

(13)荒漠柽柳灌丛总面积为 9 359.23hm²，占比为 0.14%，仅在阿坝州有分布。

(14)山地火棘灌丛总面积为 189 579.71hm²，占灌丛总面积的 2.84%，主要分布于巴中市、广元市、乐山市、凉山州、泸州市、内江市、攀枝花市、宜宾市、自贡市等 9 个市州。其中分布最多的是泸州市，面积为 80 863.83hm²，占比为 42.65%；分布最少的是广元市，面积为 15.55hm²，占比仅为 0.01%。

(15)山地栎类灌丛总面积为 674 869.96hm²，占灌丛总面积的 10.09%，主要分布于巴中市、达州市、德阳市、广安市、广元市、乐山市、凉山州、泸州市、绵阳市、南充市、遂宁市、宜宾市等 12 个市州。其中分布最多的是广元市，面积为 244 714.24 hm²，占比为 36.26%；分布最少的是遂宁市，面积为 130.67，占比仅为 0.02%。

(16)山地马桑灌丛总面积为 812 843.64hm²，占灌丛总面积的 12.16%，除凉山州和攀枝花市外均有分布。分布最多的是阿坝州，面积为 379 235.34hm²，占比为 46.66%；分布最少的为遂宁市，面积为 7.14hm²，占比仅为 0.000 9%。

(17)山地南烛灌丛总面积为 58 045.40hm²，占灌丛总面积的 0.87%，主要分布于凉山州和攀枝花市。其中凉山州分布面积为 50 327.25 hm²，占比为 86.70%；攀枝花市分布面积为 7 718.15hm²，占比为 13.30%。

(18)山地蔷薇灌丛总面积为 596 892.11hm²，占灌丛总面积的 8.93%，主要分布于阿坝州、成都市、德阳市、甘孜州、广元市、乐山市、凉山州、绵阳市、雅安市、宜宾市等 10 个市州。其中分布最多的是阿坝州，面积为 225 209.99 hm²，占比为 37.73%；分布最少的是宜宾市，面积仅为 70.14hm²，占比仅为 0.01%。

(19)山地盐肤木灌丛总面积为 38 573.00hm²，占灌丛总面积的 0.58%，主要分布于凉山州、泸州市、宜宾市等 3 个市州。其中分布最多的是泸州市，面积为 21 334.47hm²，占比为 55.31%；分布最少的是凉山州，面积为 2 365.93 hm²，占比仅为 6.13%。

(20)山地榛子灌丛总面积为 323 070.12hm²，占灌丛总面积的 4.83%，主要分布于阿坝州、甘孜州、乐山市、凉山州、眉山市、绵阳市、雅安市等 7 个地区。其中分布最多的是甘孜州，面积为 139 507.59hm²，占比为 43.18%；分布最少的是绵阳市，面积为 1 050.31hm²，占比仅为 0.33%。

(21)山地竹叶椒灌丛总面积为 16 802.46hm²，占灌丛总面积的 0.25%，主要分布于甘孜州、乐山市、凉山州、攀枝花市、雅安市、宜宾市等 6 个市州，分布较为广泛。其中分布最多的是凉山州，面积为 8 908.24hm²，占比为 53.02%；

分布最少的雅安市，面积仅为 0.34hm²，占比仅为 0.002%。

(22)亚高山地盘松灌丛总面积为 43 531.62hm²，占灌丛总面积的 0.65%，主要分布于乐山市、凉山州 2 个地区。其中乐山市面积为 12.91hm²，占比为 0.03%；凉山州面积为 43 518.71hm²，占比为 99.97%。

(23)亚高山杜鹃灌丛总面积为 720 493.51hm²，占灌丛总面积的 10.78%，主要分布于阿坝州、甘孜州、乐山市、凉山州、眉山市、绵阳市、攀枝花市、雅安市、宜宾市等 9 个地区。其中分布最多的是凉山州，面积为 342 932.55hm²，占比为 4.80%；分布最少的是宜宾市，面积为 226.47hm²，占比仅为 0.03%。

(24)亚高山栎类灌丛总面积为 157 663.67hm²，占灌丛总面积的 2.36%，主要分布于甘孜州、乐山市、凉山州、雅安市等 4 个地区。其中分布最多的是凉山州，面积为 97 773.55hm²，占比为 62.01%；分布最少的是乐山市，面积为 6 116.01hm²，占比为 3.88%。

5.2.2　灌丛群系组不同海拔上的分布

通过表 5-10、图 5-14、图 5-15 及图 5-16 可知 2005 年各灌丛群系组在海拔上的分布规律。

表 5-10　2005 年灌丛群系组海拔分布面积统计表　　　（单位：hm²，%）

灌丛群系组		海拔分级					总计
		丘陵	低山	中山	高山	极高山	
高山杜鹃灌丛	面积	68 104.84	89 620.20	271 408.60	760 197.14	79.45	1 189 410.24
	百分比	5.73	7.53	22.82	63.91	0.01	17.79
高山金露梅灌丛	面积	12.10	20.22	7 324.76	14 799.32		22 156.39
	百分比		0.09	33.06	66.79		0.33
高山锦鸡儿灌丛	面积		114.80	47.97	172.51		335.28
	百分比		34.24	14.31	51.45		0.01
高山柳类灌丛	面积	24 380.02	58 916.32	151 630.85	523 051.01		757 978.20
	百分比	3.22	7.77	20.00	69.01		11.34
高山沙棘灌丛	面积			2 231.98	2 846.50		5 078.48
	百分比			43.95	56.05		0.08
高山鲜卑花灌丛	面积	12 969.89	33 998.31	116 854.18	389 052.96		552 875.35
	百分比	2.35	6.15	21.14	70.37		8.27
高山香柏灌丛	面积	127.06	61.27	522.73	839.43		1 550.50
	百分比	8.20	3.95	33.71	54.14		0.02

续表1

灌丛群系组		海拔分级					总计
		丘陵	低山	中山	高山	极高山	
高山绣线菊灌丛	面积				287.54		287.54
	百分比				100.00		0.004
河谷白刺花灌丛	面积	23 785.83	21 654.79	50 964.55	86 609.36		183 014.53
	百分比	13.00	11.83	27.85	47.32		2.74
河谷黄栌灌丛	面积		3 595.04	9 916.60	264 675.62		278 187.26
	百分比		1.29	3.56	95.14		4.16
河谷仙人掌类灌丛	面积	2 873.69	2 107.37	4 652.86	9 362.16		18 996.07
	百分比	15.13	11.09	24.49	49.28		0.28
河谷余甘子灌丛	面积	21 607.34	1 245.31	12 240.07			35 092.72
	百分比	61.57	3.55	34.88			0.52
荒漠怪柳灌丛	面积		568.24	4 087.54	4 703.45		9 359.23
	百分比		6.07	43.67	50.25		0.14
山地火棘灌丛	面积	27 285.43	10 929.91	102 155.91	49 208.46		189 579.71
	百分比	14.39	5.77	53.89	25.96		2.84
山地栎类灌丛	面积	32 564.87	60 663.81	218 752.29	362 888.99		674 869.96
	百分比	4.83	8.99	32.41	53.77		10.09
山地马桑灌丛	面积	21 179.02	43 391.99	89 895.52	658 377.11		812 843.64
	百分比	2.61	5.34	11.06	81.00		12.16
山地南烛灌丛	面积	7 846.46	237.24	49 961.69			58 045.40
	百分比	13.52	0.41	86.07			0.87
山地蔷薇灌丛	面积	26 523.58	45 536.00	214 194.77	310 619.57	18.18	596 892.11
	百分比	4.44	7.63	35.89	52.04	0.003	8.93
山地盐肤木灌丛	面积	4 237.83	9 801.37	22 567.41	1 966.39		38 573.00
	百分比	10.99	25.41	58.51	5.10		0.58
山地榛子灌丛	面积	6 658.09	16 354.50	33 446.68	266 610.85		323 070.12
	百分比	2.06	5.06	10.35	82.52		4.83
山地竹叶椒灌丛	面积	6 900.12	112.85	9 076.49	713.00		16 802.46
	百分比	41.07	0.67	54.02	4.24		0.25
亚高山地盘松灌丛	面积	2 056.36	2 402.25	35 980.88	3 092.14		43 531.62
	百分比	4.72	5.52	82.65	7.10		0.65
亚高山杜鹃灌丛	面积	61 509.87	68 722.69	325 703.76	264 557.19		720 493.51
	百分比	8.54	9.54	45.21	36.72		10.78
亚高山栎类灌丛	面积	39 069.20	12 595.33	77 185.69	28 813.45		157 663.67
	百分比	24.78	7.99	48.96	18.28		2.36

续表 2

灌丛群系组		海拔分级					总计
		丘陵	低山	中山	高山	极高山	
总计	面积	389 691.58	482 649.82	1 810 803.77	4 003 444.16	97.63	6 686 686.96
	百分比	5.83	7.22	27.08	59.87	0.001	100.00

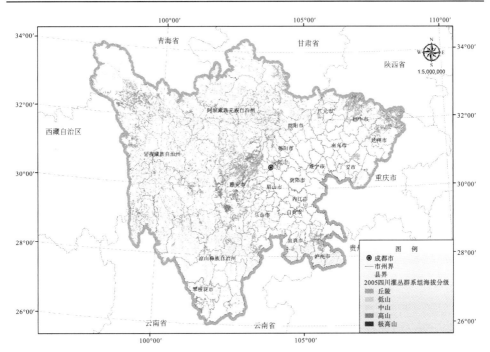

图 5-14　灌丛群系组海拔分布总图

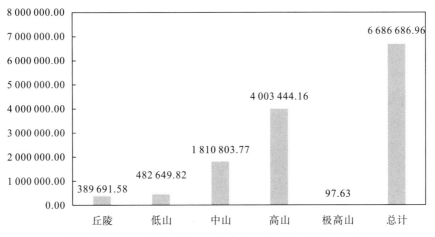

图 5-15　2005 年灌丛群系组海拔分布柱状图(单位：hm^2)

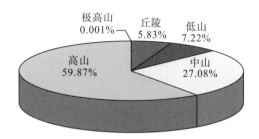

图 5-16　2005 年灌丛群系组海拔分布百分比图

　　总体来看，灌丛群系组主要分布在高山和中山地区，其次为低山和丘陵地区，在极高山地区分布最少。从所占比率来看，高山地区分布的灌丛占到了灌丛总面积的 59.87%，为最多的区域。最少的在极高山区域，灌丛群系面积占比仅为 0.001%。

　　通过表 5-10 可知四川省 2005 年灌丛的分布区域面积及所占的百分比。

　　(1)高山杜鹃灌丛总面积为 1 189 410.24hm²，占总灌丛面积的 17.79%。分布最多的是高山区域，面积 760 197hm²，占比为 63.91%；分布最少的是极高山地区，面积仅为 79.45hm²，占比仅为 0.01%。

　　(2)高山金露梅灌丛总面积为 22 156.39hm²，占总灌丛面积的 0.33%。分布最多的是高山区域，面积 14 799.32hm²，占比为 66.79%；分布最少的是低山地区，面积仅为 20.22hm²，占比仅为 0.09%；在丘陵和极高山地区没有分布。

　　(3)高山锦鸡儿灌丛面积为 335.28hm²，占总灌丛面积的 0.01%。分布最多的是高山地区，面积为 172.51hm²，占比为 51.45%；分布最少的是中山地区，面积为 47.97hm²，占比为 14.31%；在丘陵和极高山地区没有分布。

　　(4)高山柳类灌丛面积为 757 978.20hm²，占灌丛面积的 11.34%。其中分布最多的是高山地区，面积为 523 051.01hm²，占比为 69.01%；分布最少的为丘陵地区，面积为 24 380.02hm²，占比仅为 3.22%；在极高山地区没有分布。

　　(5)高山沙棘灌丛总面积为 5 078.48hm²，占灌丛面积的 0.08%。主要分布在高山和中山地区。其中高山分布面积 2 846.50hm²，占比 56.05%；中山地区面积 2 231.98hm²，占比 43.95%；在丘陵、低山和极高山地区没有分布。

　　(6)高山鲜卑花灌丛总面积为 552 875.35hm²，占总灌丛面积的 8.27%。分布最多的是高山地区，面积为 389 052.96hm²，占比为 70.37%；分布最少的是丘陵地区，面积为 12 969.89hm²，占比为 2.35%；在极高山地区没有分布。

　　(7)高山香柏灌丛总面积为 1 550.50hm²，占灌丛总面积的 0.02%。分布最多的是高山地区，面积为 839.43hm²，占比为 54.14%；分布最少的是低山地区，面积为 61.27hm²，占比为 3.95%；在极高山地区没有分布。

　　(8)高山绣线菊灌丛总面积为 287.54hm²，占灌丛总面积的 0.004%，仅在高山地区有所分布。

(9)河谷白刺花灌丛总面积为 183 014.53hm²，占灌丛总面积的 2.74%。分布最多的是高山地区，面积为 86 609.36hm²，占比为 47.32%；分布最少的是丘陵地区，面积是 23 785.83hm²，占比为 13.00%；在极高山地区没有分布。

(10)河谷黄栌灌丛总面积为 278 187.26hm²，占灌丛总面积的 4.16%。分布最多的是高山地区，面积为 264 675.62hm²，占比为 95.14%；分布最少的是低山地区，面积为 3 595.04hm²，占比为 1.29%；在丘陵和极高山地区没有分布。

(11)河谷仙人掌类灌丛总面积为 18 996.07hm²，占灌丛总面积的 0.28%。分布最多的是高山地区，面积为 9 362.16hm²，占比为 49.28%；分布最少的是低山地区，面积为 2 107.37hm²，占比为 11.09%。

(12)河谷余甘子灌丛总面积为 35 092.72hm²，占灌丛总面积的 0.52%。分布最多的是丘陵地区，面积为 21 607.34hm²，占比为 61.57%；分布最少的是低山地区，面积为 1 245.31hm²，占比为 3.55%；在高山和极高山地区没有分布。

(13)荒漠柽柳灌丛总面积为 9 359.23hm²，占比为 0.14%。分布最多的是高山地区，面积为 4 703.45hm²，占比为 50.25%；分布最少的是低山地区，面积为 568.24hm²，占比为 6.07%；在丘陵和极高山地区没有分布。

(14)山地火棘灌丛总面积为 189 579.71hm²，占灌丛总面积的 2.84%。分布最多的是中山地区，面积为 102 155.91hm²，占比为 53.89%；分布最少的是低山地区，面积为 10 929.91hm²，占比仅为 5.77%；在极高山地区没有分布。

(15)山地栎类灌丛总面积为 674 869.96hm²，占灌丛总面积的 10.09%。分布最多的是高山地区，面积为 362 888.99hm²，占比为 53.77%；分布最少的是丘陵地区，面积为 32 564.87hm²，占比仅为 4.83%；在极高山地区没有分布。

(16)山地马桑灌丛总面积为 812 843.64hm²，占灌丛总面积的 12.16%。分布最多的是高山地区，面积为 658 377.11hm²，占比为 81.00%；分布最少的为丘陵地区，面积 21 179.02hm²，占比仅为 2.61%；在极高山地区没有分布。

(17)山地南烛灌丛总面积为 58 045.40hm²，占灌丛总面积的 0.87%。分布最多的是中山地区，面积为 49 961.69hm²，占比为 86.07%；分布最少的是低山地区，面积为 237.24hm²，占比为 0.41%；在高山和极高山地区没有分布。

(18)山地蔷薇灌丛总面积为 596 892.11hm²，占灌丛总面积的 8.93%。分布最多的是高山地区，面积为 310 619.57hm²，占比为 52.04%；分布最少的是丘陵地区，面积为 26 523.58hm²，占比仅为 4.44%。

(19)山地盐肤木灌丛总面积为 38 573.00hm²，占灌丛总面积的 0.58%。分布最多的是中山地区，面积为 22 567.41hm²，占比为 58.51%；分布最少的是高山地区，面积为 1 966.39hm²，占比仅为 5.10%；在极高山地区没有分布。

(20)山地榛子灌丛总面积为 323 070.12hm²，占灌丛总面积的 4.83%。分布最多的是高山地区，面积为 266 610.85hm²，占比为 82.52%；最少的是丘陵地区，面积为 6 658.09hm²，占比仅为 2.06%；在极高山地区没有分布。

(21)山地竹叶椒灌丛总面积为 16 802.46hm²，占灌丛总面积的 0.25%。分布最多的是中山地区，面积为 9 076.49hm²，占比为 54.02%；分布最少的低山地区，面积仅为 112.85hm²，占比仅为 0.67%。

(22)亚高山地盘松灌丛总面积为 43 531.62hm²，占灌丛总面积的 0.65%。分布最多的是中山地区，面积为 35 980.88hm²，占比为 82.65%；分布最少的是丘陵地区，面积为 2 056.36hm²，占比为 4.72%；在极高山地区没有分布。

(23)亚高山杜鹃灌丛总面积为 720 493.51hm²，占灌丛总面积的 10.78%。分布最多的是中山地区，面积为 61 509.87hm²，占比为 8.54%；分布最少的低山地区，面积为 68 722.69hm²，占比仅为 9.54%；极高山地区没有分布。

(24)亚高山栎类灌丛总面积为 157 663.67hm²，占灌丛总面积的 2.36%。分布最多的是中山地区，面积为 77 185.69hm²，占比为 48.96%；分布最少的是低山地区，面积为 12 595.33hm²，占比为 7.99%；在极高山地区没有分布。

5.2.3 灌丛群系组不同坡度上的分布规律

通过表 5-11、图 5-17、图 5-18 及图 5-19 可知 2005 各灌丛群系在坡度上的分布规律。

表 5-11　2005 年灌丛群系组坡度分布面积统计表　　　　（单位：hm²，%）

灌丛群系组		坡度分级					总计
		平坡	缓坡	斜坡	陡坡	急坡	
高山杜鹃灌丛	面积	103 094.82	380 421.47	500 579.66	187 580.39	17 733.89	1 189 410.24
	百分比	8.67	31.98	42.09	15.77	1.49	17.79
高山金露梅灌丛	面积	1 855.79	12 001.80	6 937.81	1 360.99		22 156.39
	百分比	8.38	54.17	31.31	6.14		0.33
高山锦鸡儿灌丛	面积		114.80	57.09	163.39		335.28
	百分比		34.24	17.03	48.73		0.01
高山柳类灌丛	面积	60 290.41	289 324.59	305 402.94	95 519.85	7 440.41	757 978.20
	百分比	7.95	38.17	40.29	12.60	0.98	11.34
高山沙棘灌丛	面积	44.32	720.21	4 313.95			5 078.48
	百分比	0.87	14.18	84.95			0.08
高山鲜卑花灌丛	面积	33 793.59	224 127.84	228 850.98	59 644.51	6 458.42	552 875.35
	百分比	6.11	40.54	41.39	10.79	1.17	8.27
高山香柏灌丛	面积	152.29	464.12	728.13	205.96		1 550.50
	百分比	9.82	29.93	46.96	13.28		0.02

续表 1

灌丛群系组		坡度分级					总计
		平坡	缓坡	斜坡	陡坡	急坡	
高山绣线菊灌丛	面积		37.81	249.73			287.54
	百分比		13.15	86.85			0.004
河谷白刺花灌丛	面积	30 480.39	44 916.76	94 390.59	12 839.03	387.76	183 014.53
	百分比	16.65	24.54	51.58	7.02	0.21	2.74
河谷黄栌灌丛	面积	313.54	7 062.02	255 052.15	14 849.35	910.20	278 187.26
	百分比	0.11	2.54	91.68	5.34	0.33	4.16
河谷仙人掌类灌丛	面积	2 311.18	6 136.66	8 214.91	2 052.02	281.29	18 996.07
	百分比	12.17	32.30	43.25	10.80	1.48	0.28
河谷余甘子灌丛	面积	21 943.73	6 480.37	3 286.84	3 223.32	158.46	35 092.72
	百分比	62.53	18.47	9.37	9.19	0.45	0.52
荒漠柽柳灌丛	面积	807.53	3 632.92	4 353.25	565.53		9 359.23
	百分比	8.63	38.82	46.51	6.04		0.14
山地火棘灌丛	面积	86 038.52	30 400.45	47 323.71	25 048.44	768.59	189 579.71
	百分比	45.38	16.04	24.96	13.21	0.41	2.84
山地栎类灌丛	面积	52 933.04	347 028.81	131 682.52	139 087.78	4 137.81	674 869.96
	百分比	7.84	51.42	19.51	20.61	0.61	10.09
山地马桑灌丛	面积	47 270.80	107 016.70	242 070.99	414 924.77	1 560.38	812 843.64
	百分比	5.82	13.17	29.78	51.05	0.19	12.16
山地南烛灌丛	面积	8 696.17	19 342.99	26 605.76	3 327.34	73.14	58 045.40
	百分比	14.98	33.32	45.84	5.73	0.13	0.87
山地蔷薇灌丛	面积	72 573.08	177 411.72	257 706.97	87 972.84	1 227.51	596 892.11
	百分比	12.16	29.72	43.17	14.74	0.21	8.93
山地盐肤木灌丛	面积	2 453.65	17 433.69	16 372.75	1 427.02	885.88	38 573.00
	百分比	6.36	45.20	42.45	3.70	2.30	0.58
山地榛子灌丛	面积	10 592.56	162 638.79	42 077.91	30 846.34	76 914.52	323 070.12
	百分比	3.28	50.34	13.02	9.55	23.81	4.83
山地竹叶椒灌丛	面积	7 117.28	2 451.56	6 850.92	382.70		16 802.46
	百分比	42.36	14.59	40.77	2.28		0.25
亚高山地盘松灌丛	面积	3 377.91	17 306.85	18 812.15	3 887.75	146.97	43 531.62
	百分比	7.76	39.76	43.21	8.93	0.34	0.65
亚高山杜鹃灌丛	面积	85 584.01	258 214.44	258 742.09	106 057.22	11 895.75	720 493.51
	百分比	11.88	35.84	35.91	14.72	1.65	10.78
亚高山栎类灌丛	面积	43 259.90	47 985.94	35 937.27	29 836.42	644.15	157 663.67
	百分比	27.44	30.44	22.79	18.92	0.41	2.36

续表 2

灌丛群系组		坡度分级					总计
		平坡	缓坡	斜坡	陡坡	急坡	
总计	面积	674 984.51	2 162 673.31	2 496 601.07	1 220 802.95	131 625.12	6 686 686.96
	百分比	10.09	32.34	37.34	18.26	1.97	100.00

图 5-17　2005 年灌丛群系组坡度分布总图

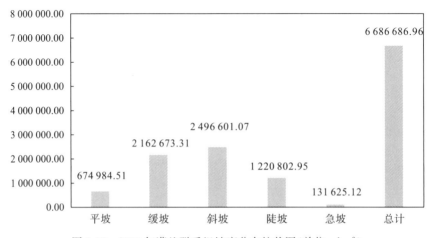

图 5-18　2005 年灌丛群系组坡度分布柱状图（单位：hm²）

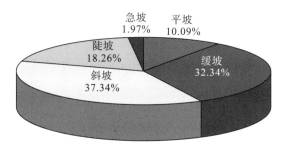

图 5-19　2005 年灌丛群系组坡度分布比率图

总体来看，灌丛群系主要分布在缓坡和斜坡地区，其次为平坡和陡坡地区，在急坡地区分布最少。从所占比率来看，斜坡分布的灌丛占到了灌丛总面积的37.34%，为最多的区域；分布最少的为急坡区域，灌丛群系面积占比仅为 1.97%。

通过表 5-11 可知四川省 2005 年灌丛的分布区域面积及所占的百分比。

(1)高山杜鹃灌丛总面积为 1 189 410.24hm²，占总灌丛面积的 17.79%。分布最多的是斜坡区域，面积 500 579.66hm²，占比为 42.09%；分布最少的是急坡地区，面积仅为 17 733.89hm²，占比仅为 1.49%。

(2)高山金露梅灌丛总面积为 22 156.39hm²，占总灌丛面积的 0.33%。分布最多的是缓坡区域，面积 12 001.80hm²，占比为 54.17%；分布最少的是陡坡地区，面积仅为 1 360.99hm²，占比仅为 6.14%；在急坡地区没有分布。

(3)高山锦鸡儿灌丛面积为 335.28hm²，占总灌丛面积的 0.01%。分布最多的是陡坡地区，面积为 163.39hm²，占比为 48.73%；分布最少的是斜坡地区，面积为 57.09hm²，占比为 17.03%；在平坡和急坡地区没有分布。

(4)高山柳类灌丛面积为 757 978.20hm²，占灌丛面积的 11.34%。其中分布最多的是斜坡地区，面积为 305 402.94hm²，占比为 40.29%；分布最少的为急坡地区，面积为 7 440.41hm²，占比仅为 0.98%。

(5)高山沙棘灌丛总面积为 5 078.48hm²，占灌丛面积的 0.08%。主要分布在斜坡地区。其中斜坡分布面积 4 313.95hm²，占比 84.95%；平坡地区面积44.32hm²，占比 0.87%；在陡坡和急坡地区没有分布。

(6)高山鲜卑花灌丛总面积为 552 875.35hm²，占总灌丛面积的 8.27%。分布最多的是斜坡地区，面积为 228 850.98hm²，占比为 41.39%；分布最少的是急坡地区，面积为 6 458.42hm²，占比为 1.17%。

(7)高山香柏灌丛总面积为 1 550.50hm²，占灌丛总面积的 0.02%。分布最多的是斜坡地区，面积为 728.13hm²，占比为 46.96%；分布最少的是平坡地区，面积为 152.29hm²，占比为 9.82%；在急坡地区没有分布。

(8)高山绣线菊灌丛总面积为 287.54hm²，占灌丛总面积的 0.004%。分布最多的是斜坡地区，面积为 249.73hm²，占比为 86.85%；分布最少的是缓坡地区，面积为 37.81hm²，占比为 13.15%；在平坡、陡坡和急坡地区没有分布。

(9)河谷白刺花灌丛总面积为 183 014.53hm²，占灌丛总面积的 2.74%。分布最多的是斜坡地区，面积为 94 390.59hm²，占比为 51.58%；分布最少的是急坡地区，面积是 387.76hm²，占比为 0.21%。

(10)河谷黄栌灌丛总面积为 278 187.26hm²，占灌丛总面积的 4.16%。分布最多的是斜坡地区，面积为 255 052.15hm²，占比为 91.68%；分布最少的是急坡地区，面积为 910.20hm²，占比为 0.33%。

(11)河谷仙人掌类灌丛总面积为 18 996.07hm²，占灌丛总面积的 0.28%。分布最多的是斜坡地区，面积为 8 214.91hm²，占比为 43.25%；分布最少的是急坡地区，面积为 281.29hm²，占比为 1.48%。

(12)河谷余甘子灌丛总面积为 35 092.72hm²，占灌丛总面积的 0.52%。分布最多的是平坡地区，面积为 21 943.73hm²，占比为 62.53%；分布最少的是急坡地区，面积为 158.46hm²，占比为 0.45%。

(13)荒漠柽柳灌丛总面积为 9 359.23hm²，占比为 0.14%。分布最多的是斜坡地区，面积为 4 353.25hm²，占比为 46.51%；分布最少的是陡坡地区，面积为 565.53hm²，占比为 6.04%；在急坡区域没有分布。

(14)山地火棘灌丛总面积为 189 579.71hm²，占灌丛总面积的 2.84%。分布最多的是平坡地区，面积为 86 038.52hm²，占比为 45.38%；分布最少的是急坡地区，面积为 768.59hm²，占比仅为 0.41%。

(15)山地栎类灌丛总面积为 674 869.96hm²，占灌丛总面积的 10.09%。分布最多的是缓坡地区，面积为 347 028.81hm²，占比为 51.42%；分布最少的是急坡地区，面积为 4 137.81hm²，占比仅为 0.61%。

(16)山地马桑灌丛总面积为 812 843.64hm²，占灌丛总面积的 12.16%。分布最多的是陡坡地区，面积为 414 924.77hm²，占比为 51.05%；分布最少的为急坡地区，面积 1 560.38hm²，占比仅为 0.19%。

(17)山地南烛灌丛总面积为 58 045.40hm²，占灌丛总面积的 0.87%。分布最多的是斜坡地区，面积为 26 605.76hm²，占比为 45.84%；分布最少的是急坡地区，面积为 73.14hm²，占比为 0.13%。

(18)山地蔷薇灌丛总面积为 596 892.11hm²，占灌丛总面积的 8.93%。分布最多的是斜坡地区，面积为 257 706.97hm²，占比为 43.17%；分布最少的是急坡地区，面积为 1 227.51hm²，占比仅为 0.21%。

(19)山地盐肤木灌丛总面积为 38 573.00hm²，占灌丛总面积的 0.58%。分布最多的是缓坡地区，面积为 17 433.69hm²，占比为 45.20%；分布最少的是急坡地区，面积为 885.88hm²，占比仅为 2.30%。

(20)山地榛子灌丛总面积为 323 070.12hm²，占灌丛总面积的 4.83%。分布最多的是缓坡地区，面积为 162 638.79hm²，占比为 50.34%；分布最少的是平坡地区，面积为 10 592.56hm²，占比仅为 3.28%。

（21）山地竹叶椒灌丛总面积为 16 802.46hm²，占灌丛总面积的 0.25%。分布最多的是平坡地区，面积为 7 117.28hm²，占比为 42.36%；分布最少的陡坡地区，面积仅为 382.70hm²，占比仅为 2.28%；在急坡地区没有分布。

（22）亚高山地盘松灌丛总面积为 43 531.62hm²，占灌丛总面积的 0.65%。分布最多的是斜坡地区，面积为 18 812.15hm²，占比为 43.21%；分布最少的是急坡地区，面积为 146.97hm²，占比为 0.34%。

（23）亚高山杜鹃灌丛总面积为 720 493.51hm²，占灌丛总面积的 10.78%。分布最多的是斜坡地区，面积为 258 742.09hm²，占比为 35.91%；分布最少的是急坡地区，面积为 11 895.75hm²，占比仅为 1.65%。

（24）亚高山栎类灌丛总面积为 157 663.67hm²，占灌丛总面积的 2.36%。分布最多的是缓坡地区，面积为 47 985.94hm²，占比为 30.44%；分布最少的是急坡地区，面积为 644.15hm²，占比为 0.41%。

5.2.4　灌丛群系组不同坡向上的分布规律

通过表 5-12、图 5-20、图 5-21 及图 5-22 可知 2005 年各灌丛群系在坡向上的分布规律。

表 5-12　2005 年灌丛群系组坡向分布面积统计表　　　　（单位：hm²,%)

灌丛群系组		坡向分级				总计
		半阳坡	半阴坡	阳坡	阴坡	
高山杜鹃灌丛	面积	2 551.47	39.52	1 186 816.49	2.75	1 189 410.24
	百分比	0.21	0.003	99.78	0.000 2	17.79
高山金露梅灌丛	面积			22 156.39		22 156.39
	百分比			100.00		0.33
高山锦鸡儿灌丛	面积			335.28		335.28
	百分比			100.00		0.01
高山柳类灌丛	面积	43.86		757 833.28	101.05	757 978.20
	百分比	0.01		99.98	0.01	11.34
高山沙棘灌丛	面积			5 078.48		5 078.48
	百分比			100.00		0.08
高山鲜卑花灌丛	面积			551 655.62	1 219.72	552 875.35
	百分比			99.78	0.22	8.27
高山香柏灌丛	面积			1 550.50		1 550.50
	百分比			100.00		0.02

续表1

灌丛群系组		坡向分级				总计
		半阳坡	半阴坡	阳坡	阴坡	
高山绣线菊灌丛	面积			287.54		287.54
	百分比			100.00		0.004
河谷白刺花灌丛	面积	247.86		182 005.98	760.69	183 014.53
	百分比	0.14		99.45	0.42	2.74
河谷黄栌灌丛	面积			278 187.26		278 187.26
	百分比			100.00		4.16
河谷仙人掌类灌丛	面积			18 996.07		18 996.07
	百分比			100.00		0.28
河谷余甘子灌丛	面积	69.11	27.11	17 863.12	17 133.38	35 092.72
	百分比	0.20	0.08	50.90	48.82	0.52
荒漠柽柳灌丛	面积			9 359.23		9 359.23
	百分比			100.00		0.14
山地火棘灌丛	面积	48.56	59.45	171 816.21	17 655.48	189 579.71
	百分比	0.03	0.03	90.63	9.31	2.84
山地栎类灌丛	面积	3 260.76	22.44	671 586.76		674 869.96
	百分比	0.48	0.003	99.51		10.09
山地马桑灌丛	面积			812 843.64		812 843.64
	百分比			100.00		12.16
山地南烛灌丛	面积	1 126.34		50 148.65	6 770.41	58 045.40
	百分比	1.94		86.40	11.66	0.87
山地蔷薇灌丛	面积	232.39		595 696.22	963.50	596 892.11
	百分比	0.04		99.80	0.16	8.93
山地盐肤木灌丛	面积	747.49		37 825.51		38 573.00
	百分比	1.94		98.06		0.58
山地榛子灌丛	面积			323 070.12		323 070.12
	百分比			100.00		4.83
山地竹叶椒灌丛	面积			11 117.85	5 684.61	16 802.46
	百分比			66.17	33.83	0.25
亚高山地盘松灌丛	面积	1 130.13	192.28	40 779.71	1 429.50	43 531.62
	百分比	2.60	0.44	93.68	3.28	0.65
亚高山杜鹃灌丛	面积	2 804.03	52.43	705 243.16	12 393.88	720 493.51
	百分比	0.39	0.01	97.88	1.72	10.78

续表2

灌丛群系组		坡向分级				总计
		半阳坡	半阴坡	阳坡	阴坡	
亚高山栎类灌丛	面积	91.32		157 572.35		157 663.67
	百分比	0.06		99.94		2.36
总计	面积	12 353.32	393.25	6 609 825.42	64 114.98	6 686 686.96
	百分比	0.18	0.01	98.85	0.96	100.00

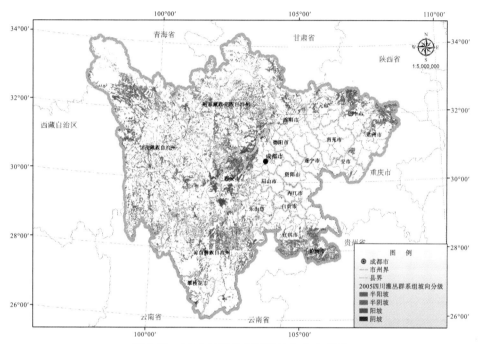

图 5-20　2005 年灌丛群系组坡向分布总图

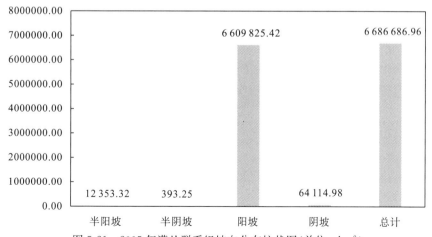

图 5-21　2005 年灌丛群系组坡向分布柱状图(单位：hm²)

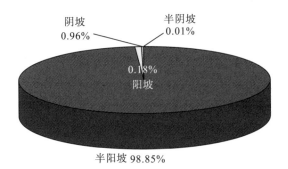

图 5-22　2005 年灌丛群系组坡向分布比率图

总体来看，灌丛群系绝大多数分布在阳坡地区，其次为阴坡、半阳坡和半阴坡地区，在半阴坡地区分布最少。从所占比率来看，阳坡地区分布的灌丛占到了灌丛总面积的 98.85%，为最多的区域；最少的在半阴坡区域，灌丛群系面积占比仅为 0.01%。

通过表 5-12 可知四川省 2005 年灌丛的分布区域面积及所占的百分比。

(1)高山杜鹃灌丛总面积为 1 189 410.24hm²，占总灌丛面积的 17.79%。分布最多的是阳坡区域，面积 1 186 816.49hm²，占比为 99.78%；分布最少的是阴坡地区，面积仅为 2.75hm²，占比仅为 0.000 2%。

(2)高山金露梅灌丛总面积为 22 156.39hm²，占总灌丛面积的 0.33%，仅在阳坡区域有所分布。

(3)高山锦鸡儿灌丛面积为 335.28hm²，占总灌丛面积的 0.01%，仅在阳坡区域有所分布。

(4)高山柳类灌丛面积为 757 978.20hm²，占灌丛面积的 11.34%。其中分布最多的是阳坡地区，面积为 757 833.28hm²，占比为 99.98%；分布最少的为半阳坡地区，面积为 43.86hm²，占比仅为 0.01%。

(5)高山沙棘灌丛总面积为 5 078.48hm²，占灌丛面积的 0.08%，仅在阳坡区域有所分布。

(6)高山鲜卑花灌丛总面积为 552 875.35hm²，占总灌丛面积的 8.27%。分布最多的是阳坡地区，面积为 551 655.62hm²，占比为 99.78%；分布最少的是阴坡地区，面积为 1 219.72hm²，占比为 0.22%。

(7)高山香柏灌丛总面积为 1 550.50hm²，占灌丛总面积的 0.02%，仅在阳坡区域有所分布。

(8)高山绣线菊灌丛总面积为 287.54hm²，占灌丛总面积的 0.004%，仅在阳坡区域有所分布。

(9)河谷白刺花灌丛总面积为 183 014.53hm²，占灌丛总面积的 2.74%。分布最多的是阳坡地区，面积为 182 005.98hm²，占比为 99.45%；分布最少的是半阳坡地区，面积是 247.86hm²，占比为 0.14%。

（10）河谷黄栌灌丛总面积为 278 187.26hm²，占灌丛总面积的 4.16%，仅在阳坡区域有所分布。

（11）河谷仙人掌类灌丛总面积为 18 996.07hm²，占灌丛总面积的 0.28%，仅在阳坡区域有所分布

（12）河谷余甘子灌丛总面积为 35 092.72hm²，占灌丛总面积的 0.52%。分布最多的是阳坡地区，面积为 17 863.12hm²，占比为 50.90%；分布最少的是半阴坡地区，面积为 27.11hm²，占比为 0.08%。

（13）荒漠柽柳灌丛总面积为 9 359.23hm²，占比为 0.14%，仅在阳坡地区有所分布。

（14）山地火棘灌丛总面积为 189 579.71hm²，占灌丛总面积的 2.84%。分布最多的是阳坡地区，面积为 171 826.21hm²，占比为 90.63%；分布最少的是半阳坡地区，面积为 48.56hm²，占比仅为 0.03%。

（15）山地栎类灌丛总面积为 674 869.96hm²，占灌丛总面积的 10.09%。分布最多的是阳坡地区，面积为 671 586.76hm²，占比为 99.51%；分布最少的是半阴坡地区，面积为 22.44hm²，占比仅为 0.003%。

（16）山地马桑灌丛总面积为 812 843.64hm²，占灌丛总面积的 12.16%，仅在阳坡地区有所分布。

（17）山地南烛灌丛总面积为 58 045.40hm²，占灌丛总面积的 0.87%。分布最多的是阳坡地区，面积为 50 148.65hm²，占比为 86.40%；分布最少的是半阳坡地区，面积为 1 126.34hm²，占比为 1.94%；在半阴坡地区没有分布。

（18）山地蔷薇灌丛总面积为 596 892.11hm²，占灌丛总面积的 8.93%。分布最多的是阳坡地区，面积为 595 696.22hm²，占比为 99.80%；分布最少的是半阳坡地区，面积为 232.39hm²，占比仅为 0.04%。

（19）山地盐肤木灌丛总面积为 38 573.00hm²，占灌丛总面积的 0.58%。分布最多的是阳坡地区，面积为 37 825.51hm²，占比为 98.06%；分布最少的是半阳坡地区，面积为 747.49hm²，占比仅为 1.94%。

（20）山地榛子灌丛总面积为 323 070.12hm²，占灌丛总面积的 4.83%，仅在阳坡地区有所分布。

（21）山地竹叶椒灌丛总面积为 16 802.46hm²，占灌丛总面积的 0.25%。分布最多的是阳坡地区，面积为 11 117.85hm²，占比为 66.17%；分布最少的阴坡地区，面积仅为 5 684.61hm²，占比为 33.83%；在半阳坡和半阴坡地区没有分布。

（22）亚高山地盘松灌丛总面积为 43 531.62hm²，占灌丛总面积的 0.65%。分布最多的是阳坡地区，面积为 40 779.71hm²，占比为 93.68%；分布最少的是半阴坡地区，面积为 192.28hm²，占比为 0.44%。

(23)亚高山杜鹃灌丛总面积为 720 493.51hm²，占灌丛总面积的 10.78%。分布最多的是阳坡地区，面积为 705 243.16hm²，占比为 97.88%；分布最少的是半阴坡地区，面积为 52.43hm²，占比仅为 0.01%。

(24)亚高山栎类灌丛总面积为 157 663.67hm²，占灌丛总面积的 2.36%。分布最多的是阳坡地区，面积为 157 572.35hm²，占比为 99.94%；分布最少的是半阳坡地区，面积为 91.32hm²，占比为 0.06%。

5.3 2005 年四川省主要灌丛植被型空间分布规律

四川省植被型共分为五种(表 5-13，图 5-23)，分别是高山灌丛、河谷灌丛、荒漠灌丛、山地灌丛和亚高山灌丛。灌丛植被型总面积为 668.67 万公顷。其中，最多的为山地灌丛共 271.07 万公顷，占比为 40.54%，占全省总面积的 5.59%；其次为高山灌丛，共 252.97 万公顷，占比为 37.83%，占全省面积的 5.22%；第三为高山灌丛 92.12 万公顷，占比为 13.78%，占全省面积的 1.90%；第四为河谷灌丛 51.53 万公顷，占比为 7.71%，占全省面积的 1.06%；最少的是荒漠灌丛，仅为 0.94 万公顷，占比为 0.14%，占全省面积的 0.02%。

表 5-13   灌丛植被型面积统计表

植被型	面积/万公顷	占灌丛面积百分比/%	占全省面积百分比/%
高山灌丛	252.97	37.83	5.22
河谷灌丛	51.53	7.71	1.06
荒漠灌丛	0.94	0.14	0.02
山地灌丛	271.07	40.54	5.59
亚高山灌丛	92.17	13.78	1.90
总计	668.67	100.00	13.79

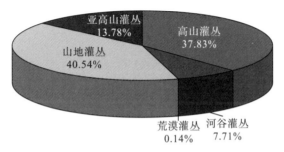

图 5-23   2005 年灌丛植被型面积分布图

5.3.1　灌丛植被型不同行政区域上的分布

高山灌丛在四川省主要分布于 8 个市州 44 个县域(图 5-24)。其中分布最多的为甘孜州及阿坝州，甘孜州的总面积为 1 546 859.93hm²，占比为 61.15％；阿坝州总面积为 864 107.99hm²，占比为 34.16％。两州的总面积占到总数的 95.31％。其余各个市州分布均较少，其中分布最少的为成都市，面积为 4 729.54hm²，占比仅为 0.19％。其主要分布如表 5-14 及图 5-25 所示。

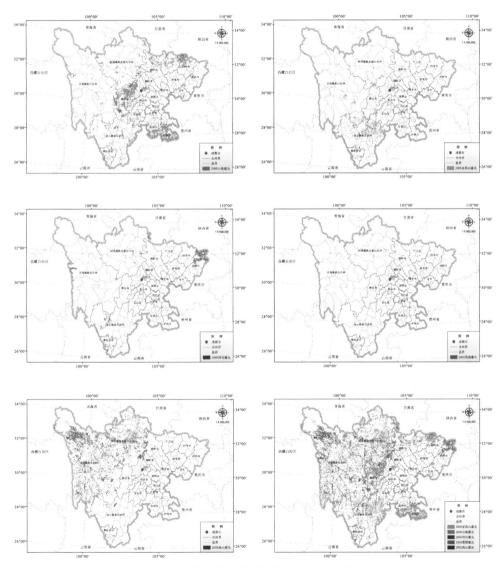

图 5-24　灌丛植被型不同行政区域上的分布

表 5-14　高山灌丛在行政区域分布面积统计表

行政区域	面积/hm²	占总量百分比/%
成都市	4 729.54	0.19
德阳市	23 122.51	0.91
甘孜藏族自治州	1 546 859.93	61.15
广元市	5 078.48	0.20
凉山彝族自治州	44 929.62	1.78
绵阳市	28 932.05	1.14
雅安市	11 911.86	0.47
总计	2 529 671.98	100.00

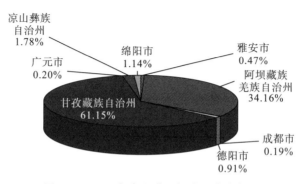

图 5-25　2005 年高山灌丛行政区域分布图

河谷灌丛在四川省主要分布于 8 个市州 39 个县域。其中分布最多的为巴中市，总面积为 245 211.01hm²，占比为 47.59%；分布最少的为绵阳市，面积为 815.69hm²，占比仅为 0.16%。其主要分布如表 5-15 及如图 5-26 所示。

表 5-15　河谷灌丛行政区域面积统计表

行政区域	面积/hm²	占总量百分比/%
阿坝藏族羌族自治州	53 754	10.43
巴中市	245 211	47.59
达州市	15 056.5	2.92
甘孜藏族自治州	99 572.1	19.32
凉山彝族自治州	77 042	14.95
绵阳市	815.694	0.16
攀枝花市	22 692.4	4.40
雅安市	1 146.77	0.22
总计	515 291	1

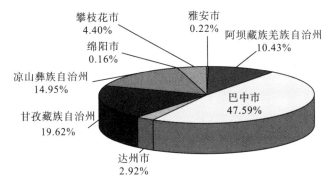

图 5-26　2005 年河谷灌丛行政区域分布图

荒漠灌丛在四川省仅在阿坝藏族羌族自治州有所分布，所涉县域仅有茂县和
松潘。其中分布最多的为松潘县，总面积为 9 306.39hm²，占比为 99.44％；分
布最少的为茂县，面积为 52.85hm²，占比仅为 0.56％。其主要分布如表 5-16、
图 5-27 所示。

表 5-16　荒漠灌丛行政区域面积统计表

行政区域	面积/hm²	占总量百分比/％
茂县	52.85	0.56
松潘县	9 306.39	99.44
总计	9 359.24	100.00

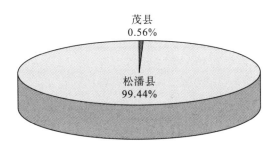

图 5-27　2005 年荒漠灌丛行政区域分布图

山地灌丛在四川省分布区域非常广泛，在 21 个市州均有分布，涉及的县域
个数达到 160 个之多。其中分布最多的为阿坝藏族羌族自治州，面积为
660 332.72hm²，占比为 24.36％；分布最少的为遂宁市，面积为 137.81hm²，
占比仅为 0.01％。其主要分布如表 5-17 及如图 5-28 所示。

亚高山灌丛在四川省主要分布于 9 个市州的 52 个县域。其中分布最多的为
凉山州，总面积为 484 224.81hm²，占比为 52.54％；分布最少的为宜宾市，面
积为 226.47hm²，占比仅为 0.02％。其主要分布如表 5-18 及如图 5-29 所示。

表 5-17　山地灌丛行政区域面积统计表

分布区域	面积/hm²	占总量百分比/%
阿坝藏族羌族自治州	660 332.72	24.36
巴中市	66 947.94	2.47
成都市	21 482.52	0.79
达州市	46 366.80	1.71
德阳市	5 712.81	0.21
甘孜藏族自治州	349 296.78	12.89
广安市	16 342.50	0.60
广元市	370 200.51	13.66
乐山市	89 621.21	3.31
凉山彝族自治州	200 839.53	7.41
泸州市	328 707.16	12.13
眉山市	110 278.02	4.07
绵阳市	126 992.02	4.68
南充市	3 400.72	0.13
内江市	9 099.10	0.34
攀枝花市	13 385.79	0.49
遂宁市	137.81	0.01
雅安市	107 495.74	3.97
宜宾市	173 529.44	6.40
资阳市	4 950.01	0.18
自贡市	5 557.23	0.21
总计	2 710 676.38	100.00

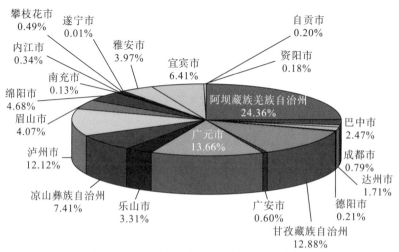

图 5-28　2005 年山地灌丛行政区域分布图

表 5-18　亚高山灌丛行政区域面积统计表

行政区域	面积/hm²	占总量百分比/%
阿坝藏族羌族自治州	77 942.67	8.46
甘孜藏族自治州	195 654.69	21.23
乐山市	40 682.22	4.41
凉山彝族自治州	484 224.81	52.54
眉山市	7 512.56	0.82
绵阳市	2 461.01	0.27
攀枝花市	22 591.43	2.45
雅安市	90 392.94	9.81
宜宾市	226.47	0.02
总计	921 688.80	100.00

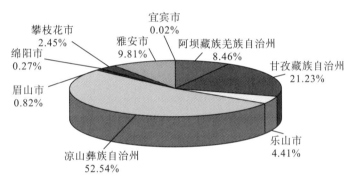

图 5-29　2005 年亚高山灌丛行政区域分布图

5.3.2　灌丛植被型不同海拔上的分布规律

通过表 5-19、图 5-30、图 5-31 及图 5-32 可知四川省 2005 年灌丛植被型在海拔上的分布规律。

表 5-19　2005 年灌丛植被型在海拔上的分布面积统计表　（单位：hm²，%）

灌丛植被型		海拔等级					总计
		丘陵	低山	中山	高山	极高山	
高山灌丛	面积	105 593.91	182 731.13	550 021.07	1 691 246.42	79.45	2 529 671.98
	百分比	4.17	7.22	21.74	66.86	0.003	100.00
河谷灌丛	面积	48 266.86	28 602.50	77 774.08	360 647.13		515 290.57
	百分比	9.37	5.55	15.09	69.99		100.00
荒漠灌丛	面积		568.24	4 087.54	4 703.45		9 359.23
	百分比		6.07	43.67	50.25		100.00

续表1

灌丛植被型		海拔等级					总计
		丘陵	低山	中山	高山	极高山	
山地灌丛	面积	133 195.39	187 027.67	740 050.76	1 650 384.37	18.18	2 710 676.38
	百分比	4.91	6.90	27.30	60.88	0.001	100.00
亚高山灌丛	面积	102 635.42	83 720.27	438 870.33	296 462.78		921 688.80
	百分比	11.14	9.08	47.62	32.17		100.00
总计	面积	389 691.58	482 649.82	1 810 803.77	4 003 444.16	97.63	6 686 686.96
	百分比	5.83	7.22	27.08	59.87	0.001	100.00

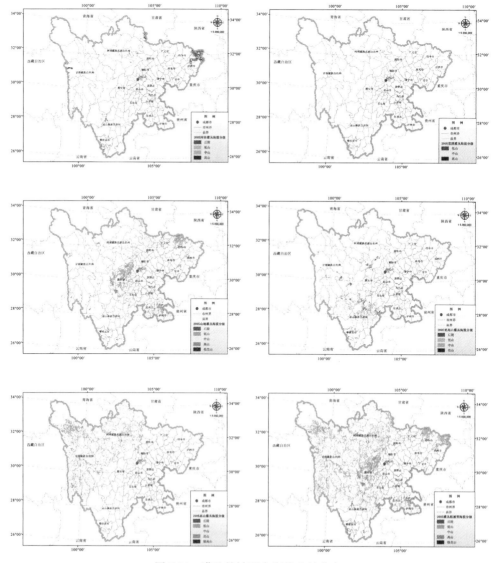

图 5-30　灌丛植被型在海拔上的分布

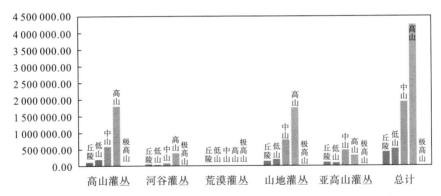

图 5-31　2005 年四川省灌丛植被型在海拔上的分布面积（单位：hm²）

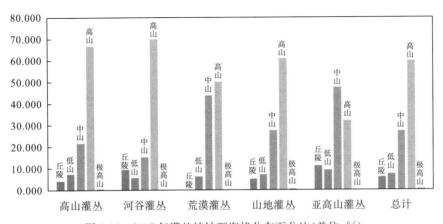

图 5-32　2005 年灌丛植被型海拔分布百分比（单位：%）

在不同的海拔等级上灌丛分布最多的是高山区域，总面积达到了 4 003 444.16hm²，占到总灌丛面积的 59.87%；分布最少的区域是极高山区域，总面积仅为 97.63hm²，占到总灌丛面积的 0.001%。

高山灌丛主要分布区域为高山区域，面积达到 1 691 246.42hm²，占到所有高山灌丛面积的 66.86%；其次是中山、低山、丘陵和极高山，其中极高山区域分布最少，仅为 0.003%。

河谷灌丛主要分布在高山地区，总面积为 360 647.13hm²，占到河谷灌丛面积的 69.99%；其次是中山、低山、丘陵地区，极高山上没有分布，丘陵地区分布面积仅为 48 266.86hm²，占到河谷灌丛总面积的 9.37%。

荒漠灌丛也是主要分布于高山地区，灌丛面积达到 4 703.45hm²，占到荒漠灌丛的 50.25%；其次为中山、低山区域，其中低山分布 568.24hm²，占到 6.07%；丘陵及极高山区域没有荒漠灌丛分布。

山地灌丛在高山区域分布面积有 1 650 384.37hm²，占山地灌丛总面积的

60.88%；其次为中山、低山、丘陵和极高山，其中极高山分布面积很少，仅为18.18，占到总面积的0.001%。

亚高山灌丛分布于中山地区，面积达到 438 870.33hm²，占亚高山灌丛总面积的47.62%，其次为高山、丘陵和低山，其中低山区域分布 83 720.27hm²，占总面积的9.08%；极高山区域没有亚高山灌丛的分布。

总体来看，四川省的灌丛除了亚高山灌丛主要分布于中山地区之外，其余几种均集中分布于高山和中山区域，极高山分布最少。这一分布规律和四川省的水热分布情况基本吻合。

5.3.3 灌丛植被型不同坡度上的分布规律

通过表5-20、图5-33、图5-34及图5-35可知四川省2005年灌丛植被型在坡度上的分布规律。

表 5-20　2005 年灌丛植被型在坡度上的分布面积统计表　（单位：hm²，%）

灌丛植被型		坡度分级					总计
		陡坡	缓坡	急坡	平坡	斜坡	
高山灌丛	面积	344 475.09	907 212.65	31 632.72	199 231.23	1 047 120.29	2 529 671.98
	百分比	13.62	35.86	1.25	7.88	41.39	100.00
河谷灌丛	面积	32 963.72	64 595.80	1 737.71	55 048.85	360 944.49	515 290.57
	百分比	6.40	12.54	0.34	10.68	70.05	100.00
荒漠灌丛	面积	565.53	3 632.92		807.53	4 353.25	9 359.23
	百分比	6.04	38.82		8.63	46.51	100.00
山地灌丛	面积	703 017.22	863 724.71	85 567.83	287 675.09	770 691.53	2 710 676.38
	百分比	25.94	31.86	3.16	10.61	28.43	100.00
亚高山灌丛	面积	139 781.39	323 507.22	12 686.86	132 221.82	313 491.51	921 688.80
	百分比	15.17	35.10	1.38	14.35	34.01	100.00
总计	面积	1 220 802.95	2 162 673.31	131 625.12	674 984.51	2 496 601.07	6 686 686.96
	百分比	18.26	32.34	1.97	10.09	37.34	100.00

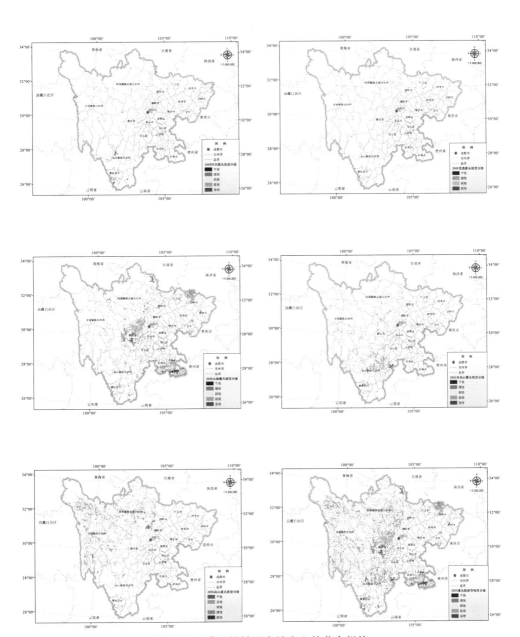

图 5-33　灌丛植被型在坡度上的分布规律

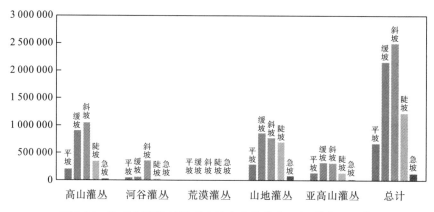

图 5-34　2005 年灌丛植被型在坡度上的分布面积(单位：hm²)

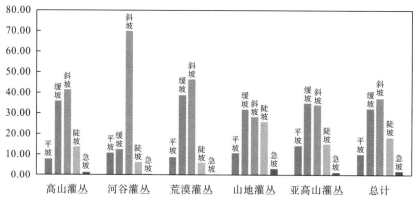

图 5-35　2005 年灌丛植被型在坡度上的分布面积百分比(单位:%)

在不同的坡度等级上灌丛分布最多的坡度等级是斜坡，总面积达到了 2 496 601.07hm²，占到总灌丛面积的 37.34%；分布最少的坡度等级是急坡，总面积仅为 131 625.12hm²，占到总灌丛面积的 1.97%。

高山灌丛主要分布坡度等级为斜坡，面积达到 1 047 120.29hm²，占到所有高山灌丛面积的 41.39%；其次是缓坡、陡坡、平坡和急坡，其中在急坡上分布的最少，面积为 31 632.72hm²，占比为 1.25%。

河谷灌丛主要分布在斜坡上，总面积为 360 944.49hm²，占到河谷灌丛面积的 70.05%；其次是缓坡、陡坡、平坡和急坡，其中最少的为急坡，面积仅为 1 737.71hm²，占到河谷灌丛总面积的 0.34%。

荒漠灌丛也是主要分布于斜坡上，灌丛面积达到 4 353.25hm²，占到荒漠灌丛的 46.51%；其次为缓坡、平坡和陡坡，其中陡坡分布 565.53hm²，占到 6.04%；急坡上没有荒漠灌丛分布。

山地灌丛在缓坡上的分布面积有 863 724 hm²，占山地灌丛总面积的

31.86%；其次为斜坡、陡坡、平坡和急坡，其中急坡上分布面积很少，仅为85 567.83hm²，占到总面积的3.16%。

亚高山灌丛主要分布于缓坡和斜坡，面积分别达到 323 507.22 hm² 和313 491.51hm²，分别占亚高山灌丛总面积的 35.10% 和 34.01%；其次是陡坡、平坡和急坡，其中在急坡上分布的面积为 12 686.86hm²，占总面积的 1.38%。

总体来看，四川省的灌丛主要分布在斜坡和缓坡之上，急坡上的分布面积最少。这一分布规律和灌丛的光热条件要求基本吻合。

5.3.4　灌丛植被型不同坡向上的分布规律

通过表 5-21、图 5-36、图 5-37 及图 5-38 可知四川省 2005 年灌丛植被型在坡向上的分布规律。

表 5-21　2005 年灌丛植被型在坡向上的分布面积统计表　（单位：hm²，%）

灌丛植被型		坡向分级				总计
		半阳坡	半阴坡	阳坡	阴坡	
高山灌丛	面积	2 595.34	39.52	2 525 713.60	1 323.53	2 529 671.98
	百分比	0.10	0.002	99.84	0.05	100.00
河谷灌丛	面积	316.97	27.11	497 052.42	17 894.07	515 290.57
	百分比	0.06	0.01	96.46	3.47	100.00
荒漠灌丛	面积			9 359.23		9 359.23
	百分比			100.00		100.00
山地灌丛	面积	5 415.54	81.90	2 674 104.94	31 074.00	2 710 676.38
	百分比	0.20	0.00	98.65	1.15	100.00
亚高山灌丛	面积	4 025.48	244.72	903 595.22	13 823.37	921 688.80
	百分比	0.44	0.03	98.04	1.50	100.00
总计	面积	12 353.32	393.25	6 609 825.42	64 114.98	6 686 686.96
	百分比	0.18	0.01	98.85	0.96	100.00

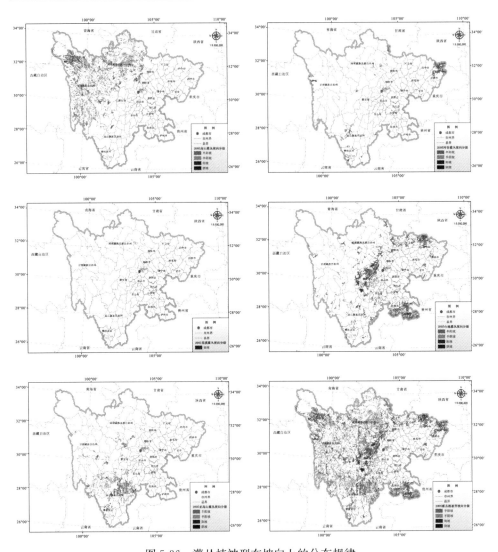

图 5-36　灌丛植被型在坡向上的分布规律

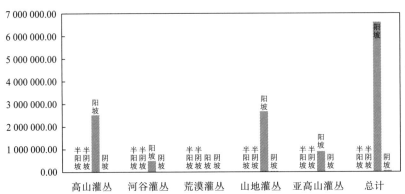

图 5-37　2005 年灌丛植被型在坡向上的分布面积(单位：hm²)

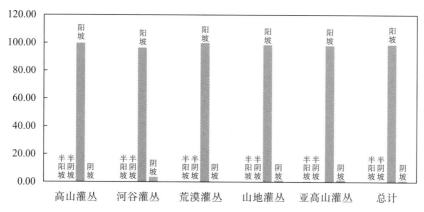

图 5-38　2005 年灌丛植被型在坡向上的分布面积百分比(单位:%)

在不同的坡向等级上灌丛分布最多的区域是阳坡，总面积达到了 6 609 825.42hm²，占到总灌丛面积的 98.85%，占有绝对优势；分布最少的区域是半阴坡，总面积仅为 393.25hm²，占总灌丛面积的 0.01%。半阳坡和阴坡上的分布也很少，都没有超过 1%。

高山灌丛主要分布区域为阳坡，面积达到 2 525 713.60hm²，占到所有高山灌丛面积的 99.84%；其次是阴坡、半阳坡和半阴坡，其中版阴坡分布最少，仅为 39.52hm²，占比仅为 0.002%。

河谷灌丛主要分布在阳坡地区，总面积为 497 052.42hm²，占到河谷灌丛面积的 96.46%；其次是阴坡、半阳坡、半阴坡，其中半阴坡区域分布面积为 27.11hm²，占比仅为 0.01%。

荒漠灌丛也是主要分布于阳坡地区，灌丛面积达到 9 359.23hm²，占到荒漠灌丛的 100%；其余坡向上分布的荒漠灌丛极少可忽略不计。

山地灌丛在阳坡区域分布面积有 2 674 104.94hm²，占山地灌丛总面积的 98.65%；其次为阴坡、半阳坡和半阴坡，其中半阴坡分布面积很少，仅为 81.90hm²，占比不足 0.01%。

亚高山灌丛分布于阳坡地区，面积达到 6 609 825.42hm²，占亚高山灌丛总面积的 98.85%，其次为阴坡、半阳坡和半阴坡，其中半阴坡区域分布 244.72hm²，占总面积的 0.03%。

总体来看，四川省的灌丛主要分布于阳坡区域，其余几种坡向分布均较少。这一分布规律和四川省的水热分布情况基本吻合。

第6章 四川省主要灌丛与气象数据的空间关系

6.1 灌丛植被型在不同气温下的分布规律

通过图6-1、图6-2、图6-3及表6-1可知四川省2005年灌丛植被型在气温上的分布规律。

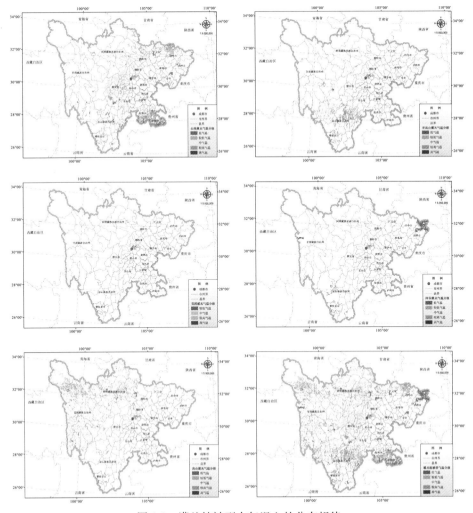

图6-1 灌丛植被型在气温上的分布规律

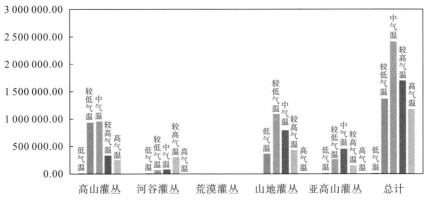

图 6-2　2005 年四川省灌丛植被型在气温上的分布（单位：hm²）

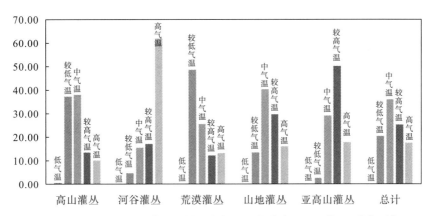

图 6-3　2005 年四川省灌丛植被型在气温上的分布面积百分比（单位：%）

表 6-1　2005 年四川省灌丛植被型在气温上的分布面积统计表（单位：hm²，%）

灌丛类型		气温分级					总计
		低气温	较低气温	中气温	较高气温	高气温	
高山灌丛	面积	19 015.29	943 484.49	966 568.71	340 653.37	259 950.12	2 529 671.98
	百分比	0.75	37.30	38.21	13.47	10.28	37.83
河谷灌丛	面积	1 359.31	25 100.13	80 746.20	88 691.72	319 393.21	515 290.57
	百分比	0.26	4.87	15.67	17.21	61.98	7.71
荒漠灌丛	面积		4 562.87	2 401.36	1 152.49	1 242.51	9 359.23
	百分比		48.75	25.66	12.31	13.28	0.14
山地灌丛	面积	327.21	369 929.86	1 095 848.03	804 075.41	440 495.87	2 710 676.38
	百分比	0.01	13.65	40.43	29.66	16.25	40.54

续表1

灌丛类型		气温分级					总计
		低气温	较低气温	中气温	较高气温	高气温	
亚高山灌丛	面积	79.11	24 874.42	269 494.75	462 641.11	164 599.41	921 688.80
	百分比	0.01	2.70	29.24	50.19	17.86	13.78
总计	面积	20 780.93	1 367 951.77	2 415 059.05	1 697 214.10	1 185 681.12	6 686 686.96
	百分比	0.31	20.46	36.12	25.38	17.73	100.00

在不同的气温分级上灌丛分布最多的是中气温区域，总面积达到了 2 415 059.05hm²，占到总灌丛面积的 36.12%；分布最少的区域是低气温区域，总面积仅为 20 780.93hm²，占到总灌丛面积的 0.31%。

高山灌丛主要分布区域为中气温区域，面积达到 966 568.71hm²，占到所有高山灌丛面积的 38.21%；其次是较低气温、较高气温、高气温和低气温地区，其中在低气温地区分布最少，面积为 19 015.29 hm²，占比仅为 0.75%。

河谷灌丛主要分布在高气温地区，总面积为 319 393.21hm²，占到河谷灌丛面积的 61.98%；其次是较高气温、中气温、较低气温地区和低气温地区。其中低温地区分布面积仅为 1 359.31 hm²，占到河谷灌丛总面积的 0.26%。

荒漠灌丛分布于最多的区域是较低气温地区，灌丛面积达到 4 562.87hm²，占到荒漠灌丛的 48.75%；分布最少的是较高气温地区，面积为 1 152.49hm²，占比为 12.31%；低气温地区没有荒漠灌丛分布。

山地灌丛在中气温区域分布最多，面积为 1 650 384.37hm²，占山地灌丛总面积的 40.43%；其次为较高气温、高气温、较低气温及低气温地区，其中低气温地区分布面积很少，仅为 327.21，占到总面积的 0.01%。

亚高山灌丛分布最多的是较高气温地区，面积达到 462 641.11hm²，占亚高山灌丛总面积的 50.19%；其次为中气温、高气温、较低气温和低气温地区，其中低气温区域分布面积仅为 79.11hm²，占总面积的 0.01%。

总体来看，四川省的灌丛除了在低气温分布最少之外，其余集中气温等级下均有较多的灌丛分布，这一分布规律和四川省的水热分布情况基本吻合。

6.2　灌丛植被型在不同降雨量下的分布规律

通过图 6-4、图 6-5、图 6-6 及表 6-2 可知四川省 2005 年灌丛植被型在降雨量下的空间分布规律。

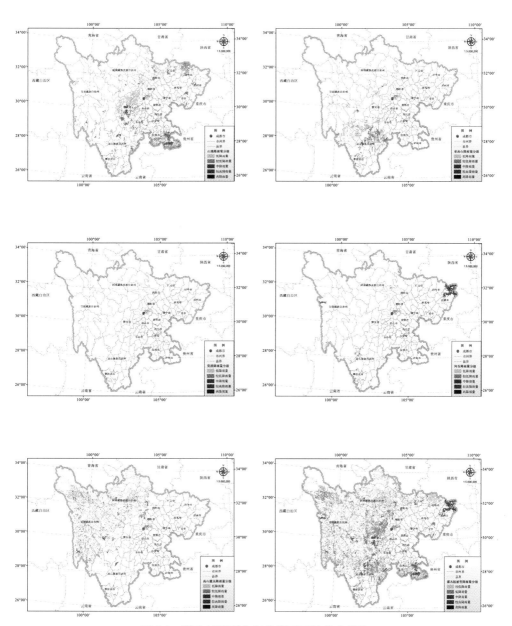

图 6-4　灌丛植被型在年均降雨下的分布规律

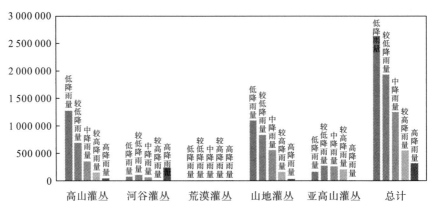

图 6-5　2005 年四川省灌丛植被型在降雨量下的分布面积（单位：hm²）

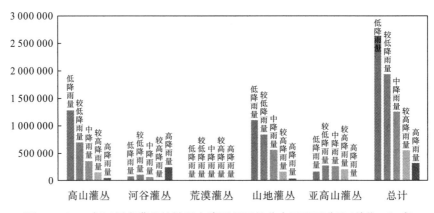

图 6-6　2005 年四川省灌丛植被型在降雨量下的分布面积百分比（单位：hm²）

表 6-2　2005 年四川省灌丛植被型在年均降雨下的分布面积统计表（单位：hm²，%）

灌丛类型		降雨量分级					总计
		低降雨量	较低降雨量	中降雨量	较高降雨量	高降雨量	
高山灌丛	面积	1 280 913.77	698 101.21	352 646.32	156 839.94	41 170.74	2 529 671.98
	百分比	50.64	27.60	13.94	6.20	1.63	37.83
河谷灌丛	面积	75 693.71	111 570.45	71 063.98	13 608.72	243 353.70	515 290.57
	百分比	14.69	21.65	13.79	2.64	47.23	7.71
荒漠灌丛	面积	4 710.03	3 624.22	570.79	318.07	136.12	9 359.23
	百分比	50.32	38.72	6.10	3.40	1.45	0.14
山地灌丛	面积		840 897.74	565 471.40	170 145.09	31 035.19	2 710 676.38
	百分比		31.02	20.86	6.28	1.14	40.54

续表 1

灌丛类型		降雨量分级					总计
		低降雨量	较低降雨量	中降雨量	较高降雨量	高降雨量	
亚高山灌丛	面积	170 488.78	278 943.26	262 444.21	205 222.32	4 590.23	921 688.80
	百分比	18.50	30.26	28.47	22.27	0.50	13.78
总计	面积	2 634 933.26	1 933 136.88	1 252 196.71	546 134.14	320 285.98	6 686 686.96
	百分比	39.41	28.91	18.73	8.17	4.79	100.00

在不同的降雨量等级上灌丛分布最多的是低降雨量区域，总面积为 2 634 933.26hm²，占到总灌丛面积的 39.41％；分布最少的区域是高降雨量区域，总面积为 320 285.98hm²，占到总灌丛面积的 4.79％。总体来看，灌丛是随着降雨量的增加而减少的趋势，这和灌丛生长环境所需的水热条件基本吻合。

高山灌丛主要分布区域为低降雨量区域，面积达到 1 280 913.77hm²，占到所有高山灌丛面积的 50.64％；其次是较低降雨量、中降雨量、较高降雨量和高降雨量。灌丛在高降雨量区域分布的面积最少，为 41 170.74hm²，占比仅为 1.63％。

河谷灌丛主要分布在高降雨量地区，总面积为 243 353.70hm²，占到河谷灌丛面积的 47.23％；其次是较低降雨量、低降雨量、中降雨量和较高降雨量地区，较高降雨量地区分布面积仅为 13 608.72hm²，占到河谷灌丛总面积的 2.64％。

荒漠灌丛也是主要分布于低降雨量地区，灌丛面积达到 4 710.03hm²，占到荒漠灌丛的 50.32％；其次为较低降雨量、中降雨量区域、较高降雨量和高降雨量地区，其中高降雨量地区分布 136.12hm²，占比为 1.45％。

山地灌丛在较低降雨量地区分布面积最多，有 840 897.74hm²，占山地灌丛总面积的 31.02％；其次为中降雨量、较高降雨量和高降雨量地区，其中高降雨量地区分布面积很少，仅为 31 035.19hm²，占到总面积的 1.14％。

亚高山灌丛分布最多的较低降雨量地区，面积达到 278 943.26hm²，占亚高山灌丛总面积的 30.26％；其次为中降雨量、较高降雨量、低降雨量和高降雨量地区，其中高降雨量地区分布面积为 4 590.23hm²，仅占总面积的 0.50％。

第 7 章　四川省灌丛地理信息系统

7.1　开发目的和意义

"四川省灌丛地理信息系统"的建设旨在应用地理信息技术和空间数据库技术,以四川省灌丛的属性数据和空间数据为依托,为实现四川省灌丛的信息化管理和政府宏观决策提供信息服务。

"四川省灌丛地理信息系统"旨在解决灌丛的智能化管理问题,综合运用地理信息技术、空间数据库技术,以 ArcEngine 为开发平台,建立一个以灌丛种类、降雨量、温度、地形、坡度、坡向等数据为主要内容,以完善的地理空间数据管理体系和服务体系为架构的信息系统平台,最终实现对四川省灌丛的信息化管理。

7.2　实　施　方　案

在网络高度发达的今天,人们想了解四川省灌丛的各种信息,通过网络就可以了解到很多,但是网上信息量繁杂不一,而且很多时候的信息不全面,从而增加了搜索量。对此,我们可以专门设计一个关于四川省灌丛的系统,减少用户搜索量的同时使得信息更加完善。

7.2.1　设计原则

"四川省灌丛地理信息系统"是以灌丛数据为基础,旨在建成基于灌丛遥感解译数据的整理、入库、管理和分析的一整套信息系统。其中,灌丛数据库的建设是管理系统的基础,灌丛数据的分析管理是项目建设的核心,通过对四川省灌丛数据的集中管理,实现四川省灌丛的可视化分析。

该系统设计的基本思想是:以四川省灌丛数据为基础,以对灌丛智能控制的应用服务为导向,以多源、多主题数据的管理为核心,综合运用数据存储技术、数据库技术、GIS 技术等先进技术,采用面向对象的方法,"高内聚,低耦合"的设计思想对系统进行开发。

7.2.2　系统设计框架

"四川省灌丛地理信息系统"总体架构如图 7-1 所示。

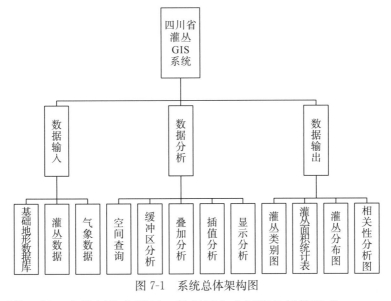

图 7-1　系统总体架构图

该系统逻辑上由软硬件支撑层、数据层和应用服务层等组成。

（1）软硬件支撑层由计算机网络支撑平台提供，主要包含支持系统运行的服务器、本地存储设备，SQL Server 数据库等，为上层提供数据存储管理能力，并对上层提供各类数据访问接口。

（2）数据层主要是系统管理的数据资源内容，主要由四川省灌丛数据、基础地理信息数据、辅助数据等数据组成。数据层包含了相关数据资源，具体的数据存储根据数据的种类与使用方式的不同可以由 SQL Server、空间数据库进行存储。

（3）应用服务层主要包含了相应的显示、空间分析、统计分析、输出图纸等功能模块，为数据库管理系统和其他应用系统提供数据应用服务。

整个系统的构建依据相关标准和管理规范进行建设，并依据相应的数据管理策略和信息安全体系构建，与存储设备、存储管理软件结合，在存储设备之上建立四川省灌丛管理系统，最终通过系统界面向用户提供服务。

7.2.3　技术路线

"四川省灌丛地理信息系统"采用实用、成熟的技术方法进行面向数据管理的二次开发设计，考虑多源、多尺度数据间的逻辑联系，顾及系统的功能需求、持续发展、维护管理与数据更新等方面的要求，结合当今计算机网络技术、GIS

技术、软件工程技术，特别是以 SQL server 为代表的空间数据库技术的最新发展，通过基于 GIS 组件的功能定制开发，力求使总体设计满足数据库管理系统和地图综合工具性能稳定、功能实用的要求，使系统建设达到项目建设的预期目标。

"四川省灌丛地理信息系统"采用 C/S 结构。以单机桌面模式实现数据处理各个功能。系统 C/S 结构部分主要是系统管理、数据展示、数据空间分析、自动符号化和数据输出等功能。这些功能模块在客户端通过中间件直接与数据连接，对数据进行操作。

7.2.4　项目实施步骤

系统建设对项目开发完全采用标准的国家软件工程规范和软件项目管理的模式来管理。主要开发人员具有多年从事开发类似项目的开发经验，并接受过国内外成熟软件开发模式的培训。

本系统开发主要包括项目需求分析、系统设计、编码实现、系统测试、项目交付、系统试运行和项目验收等几个主要阶段。具体步骤如图 7-2 所示。

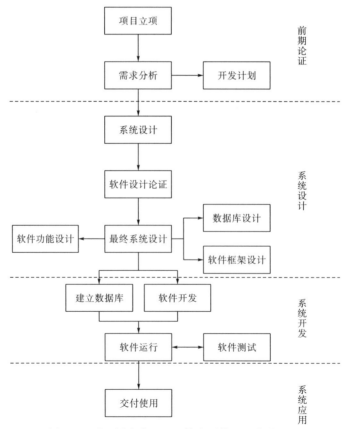

图 7-2　"四川省灌丛地理信息系统"开发流程图

7.3　系统设计与建设

7.3.1　开发平台

应用 Microsoft Visual Studio. NET 2012　C♯。C♯是微软提供的一个新的面向对象的快速开发语言，C♯具有比 VB 更好的面向对象特性，比 VC 更好的易用性和理解性。

选用美国环境系统研究所（environmental systems research institute，ESRI）研发的 ArcEngine 10.2 作为二次开发组件，ArcEngine 10.2 是基于 COM 的二次开发组件，提供了丰富的图形管理功能及大量的空间分析和多元统计分析接口，可以快速方便地用于开发自己的 GIS 应用系统。

采用关系数据库管理软件 SQL Server 来存储和管理空间数据和属性数据。空间数据及相应的属性数据通过 ESRI 公司的 ArcSDE 进行存储和访问，其他的属性数据通过 ADO. net 进行访问。

7.3.2　体系架构

"四川省灌丛地理信息系统"基于分层的架构思想进行设计，通过对系统功能的分析，抽象相应的功能组件，再在这些功能组件的基础上搭建系统相应的应用功能。从而使系统的层次清晰、结构灵活，可以有效地提高系统的可扩展性与可维护性。

根据分层的结构思想，该系统采用灵活的多层体系结构，即数据层、数据访问层、组件层、系统应用层或服务层，其 C/S 架构如图 7-3 所示。

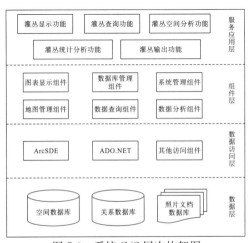

图 7-3　系统 C/S 层次构架图

1. 数据层

数据层为"四川省灌丛地理信息系统"提供基本的数据支撑，主要包含关系数据库、空间数据库和文件数据库。

2. 数据访问层

数据访问层为应用组件提供各类数据访问的接口，根据不同的数据存储模式有空间数据引擎、关系数据库访问接口及文件系统访问组件。

3. 组件层

组件层是各类业务组件的集合，这些组件分别完成不同的功能，根据四川省灌丛地理信息系统的要求，包含地图组件(负责图形数据的浏览等操作)、数据库管理组件、元数据管理组件、数据查询检索组件、数据抽取组件、统计分析组件、统计报表组件、数据输出组件等。

4. 系统应用层

应用层由相应的业务模块开发构成，主要有灌丛显示功能、灌丛查询功能、灌丛空间分析功能、灌丛统计分析功能和灌丛输出功能等模块。

7.3.3 功能模块设计

根据功能分工的不同，将"绿地雨水生态管理系统"分为灌丛显示功能、灌丛查询功能、灌丛空间分析功能、灌丛统计分析功能和灌丛输出功能等模块。

系统各个模块的用途如表7-1所示。

表 7-1　系统模块用途表

模块名称	功能名称	用途
基本功能	放大	对地图进行放大操作
	缩小	对地图进行缩小操作
	平移	对地图进行平移操作
	后退	后退到上一操作
	全图	全图显示数据
	计算面积	计算区域面积
	计算长度	计算路径长度
	鹰眼窗口	控制鹰眼窗口的显示
	图层控制	对系统的图层进行操作

续表 1

模块名称	功能名称	用途
	新建工程	
	保存工程	
	加载工程	加载系统中存在的工程
灌丛显示	灌丛矢量图显示	对灌丛的矢量图可以加载并显示
	属性数据显示	可打开属性表查看相应数据
	图片数据显示	显示灌丛的图片信息
灌丛查询	属性查询	按照属性值查询
	位置查询	按照位置查询
	图表互动查询	通过几何图形查询表，反之也可实现
灌丛空间分析功能	缓冲区分析	对点线面进行缓冲区分析
	插值分析	对点数据进行插值分析
	叠加分析	对图层进行叠加分析
灌丛统计分析功能	直方图制作	制作直方图
	饼状图制作	制作饼状图
	折线图制作	制作折线图
灌丛输出功能	输出图件	按照要求输出图片
	输出表格	按照要求输出表格
系统管理	用户管理	管理登录的用户
	权限管理	管理用户的权限
	日志管理	管理系统日志
	字典管理	管理系统字典表
	系统配置	管理系统的各项参数
	符号配置	对图层符号进行管理

7.4 系统界面设计

7.4.1 登录界面设计

在登录界面中，用户需要输入用户名和密码，进而登录系统，登录界面如图 7-4 所示。

图 7-4   系统登录界面

7.4.2   系统主界面设计

在主界面系统中，将各个模块集成在一起，设计界面如图 7-5 所示。

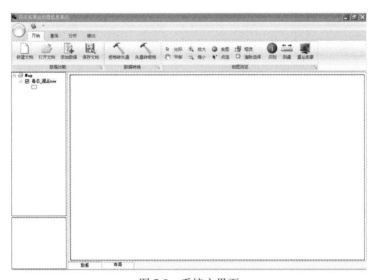

图 7-5   系统主界面

7.5   系统主要功能

将本系统按照所完成的功能分为以下几个子系统：登录子系统、查询子系统、显示子系统、分析子系统和输出子系统。登录子系统：在登录界面输入用户名和密码进入系统；查询子系统：根据字段属性可查询灌丛的所有相关信息；显示子系统：系统可根据用户对系统中的灌丛信息进行相对应的搜索整理然后显示给用户；分析子系统：用户得到自己所需要的信息，可以将这些信息进行分析，包括统计分析、叠加分析、差值分析、缓冲区分析。缓冲区分析我们可以灌丛的影响范围，比如可以药用的灌丛我们可以通过缓冲区分析得出周围那些地区的居民离该药用灌丛最近；输出子系统：可以输出用户查询到自己所需要信息也可以输出分析过后的信息，输出的形式可以有多种，比如表格、图片等。各个功能的数据流程图如图 7-6～图 7-10 所示。

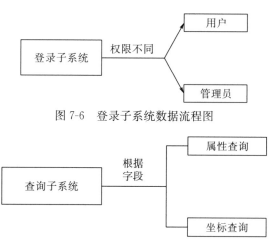

图 7-6　登录子系统数据流程图

图 7-7　查询子系统数据流程图

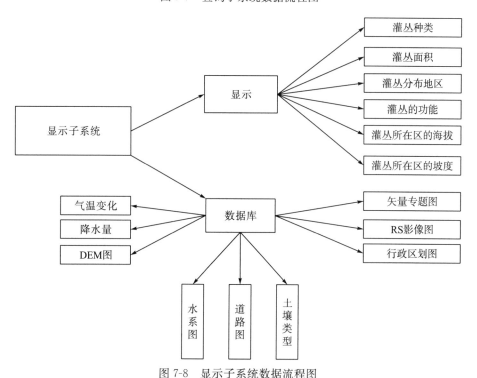

图 7-8　显示子系统数据流程图

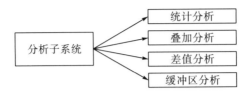

图 7-9　分析系统数据流程图

图 7-10　输出子系统数据流程图

7.5.1　用户安全管理

　　用户安全管理是为了保证系统安全的权限管理，分为角色管理和用户管理，可以根据用户群的需要，设定不同的角色，每个角色的权限又分为系统权限和操作权限。如图 7-11 和图 7-12 所示。

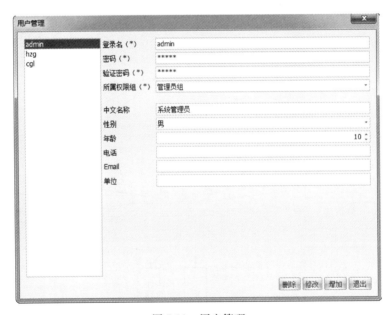

图 7-11　用户管理

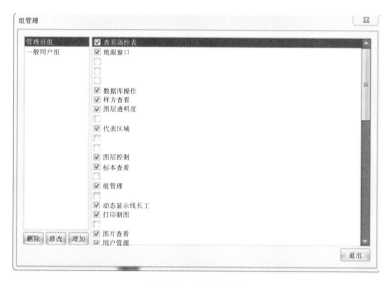

图 7-12　权限管理

7.5.2　灌丛数据显示

系统能对灌丛相关数据进行有效的管理。可以对灌丛数据进行查看，同时可以查看灌丛的图片信息以及属性定位图形等。如图 7-13、图 7-14 及图 7-15 所示。

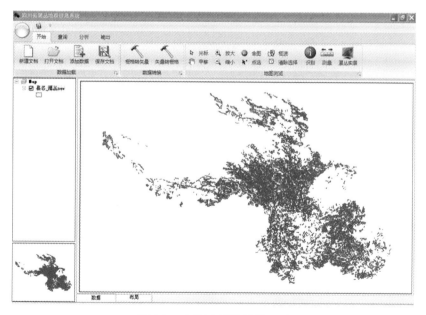

图 7-13　四川省灌丛数据显示

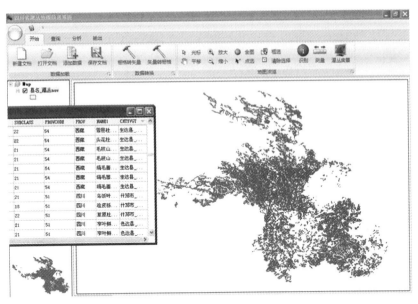

图 7-14 四川省灌丛属性表显示

图 7-15 四川省灌丛对应图片显示

7.5.3 基础地理信息数据的查询

系统可以查看基础地理信息的属性数据以及几何图形数据，针对灌丛数据，不仅可以进行查看和检索，还可以对数据进行输出以及根据属性数据，定位到重点区域或点的位置。查询主要有属性查询和位置查询两种，如图 7-16、图 7-17所示。

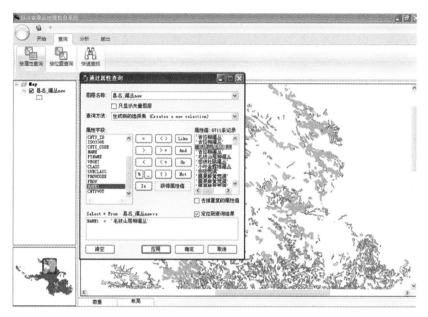

图 7-16　属性查询

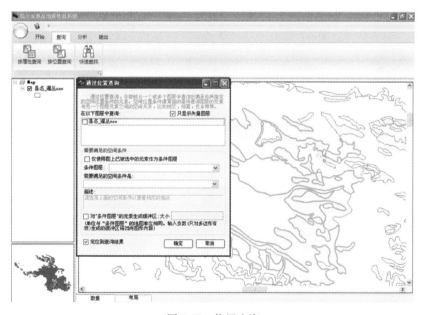

图 7-17　位置查询

7.5.4　空间分析功能

系统可实现对点、线、面的缓冲区进行分析、叠加分析、插值分析等功能，如图 7-18 所示。

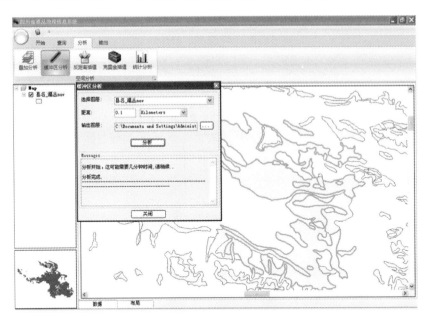

图 7-18　缓冲区分析

7.5.5　图层整饰功能

系统可以对数据进行不同颜色的渲染，即不同点状、线状、面状符号的设计和应用，如图 7-19 所示。

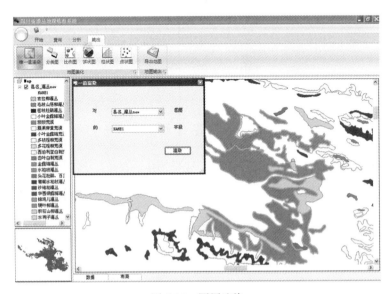

图 7-19　图层渲染

7.5.6　柱状图、饼状图显示

柱状图、饼状图主要指对灌丛数据能进行多种方式的统计，如：降雨量、温度等的汇总统计等，统计数据图形能以柱状图、饼状图等多种表现形式展示。同时统计结果结合地图中的图形，使统计结果能以图形一一匹配显示，如图 7-20、图 7-21 所示。

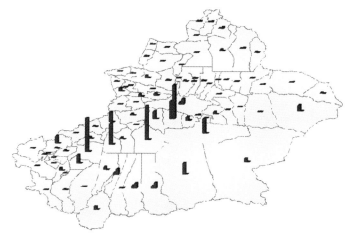

图 7-20　灌丛数据的柱状图分区域对比显示示意图

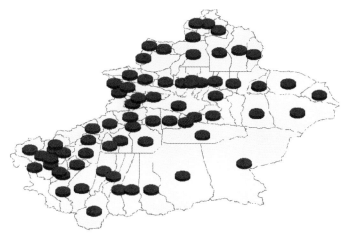

图 7-21　灌丛数据的饼状图分区域对比显示示意图

7.5.7　制图输出

系统可以对灌丛数据分布区域制作不同类型的地图输出，可以添加指北针、图例、比例差、格网等地图要素，如图 7-22 所示。

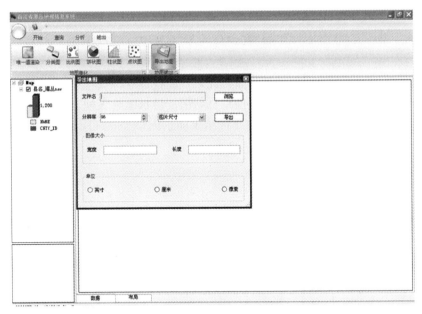

图 7-22　导出地图

第8章 结论与讨论

8.1 研究的主要成果和结论

通过本项研究，主要取得了以下成果：

(1)通过实地调查和文献查阅，按照生态学分类原理并经过归纳和总结，构建了四川省灌丛的分类体系，包括灌丛群系、灌丛群系组及灌丛植被型三大类型；

(2)采用监督分类法对研究区影像进行信息提取，并结合实地调查数据对信息提取的精度进行了评价，总的灌丛提取精度可达到87%左右；

(3)结合 DEM 等 GIS 空间分析方法对四川省 2005 年的灌丛空间分布规律进行了具体的研究，主要对其在行政区域、坡向、坡度和海拔等四个方面的分布规律进行了详细研究并制作了相应的灌丛分布图；

(4)分析了灌丛在不同降雨量和温度下的分布规律；

(5)研究并建立了四川省灌丛地理信息系统。

8.2 后续研究工作及其展望

针对本研究的内容，在以后的研究工作中，还应重点在以下几个方面进行加强：

(1)重视数据的真实性、可靠性以及数据的有效性。研究选取的 TM 影像的空间分辨率并不高，再加上灌丛在遥感影像上所反映纹理特征的模糊性，单纯靠计算机自动提取显然不能取得预期效果，所以必须结合前人的研究基础和人工判读。但人工判读主观性又比较大，所以要提高灌丛提取的精度，需要做进一步工作。

(2)重视方法的先进性。好的方法是取得良好研究结果的重要前提。研究中，所用的监督分类方法并非最好的遥感影像提取方法，需要在以后的研究中加以改进。同时，在进行降雨量和温度插值的时候，所使用的插值方法均为克里金插值方法，这种方法普通、常用，插值效果较好，但并没有考虑到地形等因素的影响，所以在有些区域的插值效果并不是很好，在后续研究中有待完善。

(3)误差的可控性。不管是系统误差还是随机误差，在研究过程中都有很多。怎样建立有效的机制，尽量减少误差的出现，尤其是系统误差的可控性，是一个有意义的研究课题。本书在这一方面没有深入研究，希望在以后的研究中加强。

（4）应用的扩展。本研究主要是针对各种灌丛植被的面积，对于灌丛的生物量以及灌丛的碳储量等研究还不够深入，希望以后能够有所拓展。另外，本研究所开发的系统为 v1.0 版本，很多的功能都有一定的缺陷和不足，课题组将在后续的研究中继续完善。

（5）加强学科交叉和相互交流。研究涉及生态学、遥感、地理信息系统、计算机编程、数理统计分析、林业等各个学科。进行各个学科的交叉和交流，能够激发创新思维，从而得到理想的研究结果。

主要参考文献

曹学章，左伟，申文明. 2001. 三峡库区土地覆被动态变化遥感分析. 农村生态环境，17（4）：6-11.

陈百明. 1997. 试论中国土地利用和土地覆被变化及其人类驱动力研究. 自然资源，19（2）：31-36.

陈波，张友静，陈亮. 2007. 结合纹理的 SVM 遥感影像分类研究. 测绘工程，16(5)：23-27.

陈桂琛，彭敏，卢学峰. 1995. 祁连山森林灌丛植被及其保护与可持续利用. 青海环境，（4）：191-195.

陈桂琛，周立华，彭敏，等. 2001. 青海省湟水地区森林灌丛植被遥感分析及其主要特征. 西北植物学报，21(4)：719-725.

陈佑启. 2000. 中国土地利用/土地覆盖的多尺度空间分布特征分析. 地理科学，20(3)：197-202.

戴晓兵. 1989. 怀柔山区荆条灌丛生物量的季节动态. 植物学报，31(4)：307-315.

邓锟，常庆瑞，蔚霖，等. 2009. 基于纹理的风蚀水蚀过渡区 TM 影像土地利用信息提取. 西北农林科技大学学报(自然科学版)，37(1)：91-97.

杜明义，武文波. 2002. 多源地学信息在土地荒漠化遥感分类中的应用研究. 中国图象图形学报，A 辑，7(7)：740-743.

高巧，阳小成，尹春英，等. 2014. 四川省甘孜藏族自治州高寒矮灌丛生物量分配及其碳密度的估算. 植物生态学报，38(4)：355-365.

何灵敏，沈掌泉，孔繁胜，等. 2007. SVM 在多源遥感图像分类中的应用研究. 中国图象图形学报，12(4)：648-654.

何志斌，赵文智. 2004. 黑河流域荒漠绿洲过渡带两种优势植物种群空间格局特征. 应用生态学报，15(6)：947-952.

洪军，葛剑平，蔡体久，等. 2005. 基于多时相遥感数据的地表覆被分区研究. 东北林业大学学报，33(5)：38-40.

侯琳，雷瑞德. 2009. 秦岭火地塘林区油松林下主要灌木碳吸存. 生态学报，29(11)：6077-6084.

淮虎银，周立华. 1996. 青海湖湖盆南部的高寒灌丛. 干旱区研究，12(1)：42-45.

淮虎银. 1997. 青藏高原高寒灌丛的特征. 甘肃科学学报，9(4)：23-25.

贾晓红，李新荣. 2008. 腾格里沙漠东南缘不同生境白刺(Nitraria)灌丛沙堆的空间分布格局. 环境科学，29(7)：2046-2053.

贾永红. 2000. 人工神经网络在多源遥感影像分类中的应用. 测绘通报，7(7)：7-8.

姜凤岐，卢风勇. 1982. 小叶锦鸡儿灌丛地上生物量的预测模型. 生态学报，2(2)：103-110.

蒋定定，李开端，王尚强. 2008. 基于最大似然法的航空图像分类研究. 江苏航空，

(4)：6-7.

李金莲，刘晓玫，李恒鹏. 2007. SPOT5 影像纹理特征提取与土地利用信息识别方法. 遥感
　　学报，10(6)：926-931.

李秋艳，何志斌，赵文智，等. 2004. 不同生境条件下泡泡刺种群的空间格局及动态分析.
　　中国沙漠，24(4)：484-488.

李晓媛. 2011. 基于 RS 的艾比湖周边灌丛沙堆分布格局的研究. 科技信息，(16)：440-441.

李月臣，陈晋，宫鹏，等. 2005. 基于 NDVI 时间序列数据的土地覆被变化检测指标设计.
　　应用基础与工程科学学报，13(3)：261-275.

刘冰，赵文智，杨荣. 2008. 荒漠绿洲过渡带柽柳灌丛沙堆特征及其空间异质性. 生态学报，
　　28(4)：1446-1455.

刘硕. 2002. 国际土地利用与土地覆盖变化对生态环境影响的研究. 世界林业研究，15
　　(6)：38-45.

骆剑承，梁怡. 2002. 支撑向量机及其遥感影像空间特征提取和分类的应用研究. 遥感学报，
　　6(1)：50-55.

潘耀忠，陈志军，聂娟，等. 2002. 基于多源遥感的土地利用动态变化信息综合监测方法研
　　究. 地球科学进展，17(2)：182-187.

上官铁梁，张峰. 1989. 云顶山虎榛子灌丛群落学特性及生物量. 山西大学学报(自然科学
　　版)，12(3)：361-364.

宋永昌. 2001. 关于中国常绿阔叶林分类的建议(摘要). 植被生态学学术研讨会暨侯学煜院
　　士逝世 10 周年纪念会论文集.

谭琨，杜培军. 2008. 基于支持向量机的高光谱遥感图像分类. 红外与毫米波学报，27
　　(2)：123-128

王瑾，蔡演军，安芷生，等. 2013. 基于遥感的高寒灌丛分布变化及其驱动力——以峻河流
　　域为例. 资源科学，35(6)：1300-1309.

王瑾，蔡演军，安芷生. 2010. 基于遥感影像的峻河流域高寒灌丛决策树提取方法. 地球环
　　境学报，1(3)：243-248.

王莉雯，卫亚星，牛铮. 2008. 基于遥感的青海省植被覆盖时空变化定量分析. 环境科学，
　　29(6)：1754-1759.

吴传钧. 1994. 国土整治和区域开发. 地理学与国土研究，(3)：1-12.

杨凯. 1988. 遥感图象处理原理和方法. 北京：测绘出版社.

杨立民，朱智良. 1999. 全球及区域尺度土地覆盖土地利用遥感研究的现状和展望. 自然资
　　源学报，14(4)：340-344.

叶笃正，符淙斌. 1994. 全球变化的主要科学问题. 大气科学，18(4)：498-512.

于应文，胡自治，徐长林，等. 1999. 东祁连山高寒灌丛植被类型与分布特征. 甘肃农业大
　　学学报，3(1)：12-17.

岳兴玲，哈斯，庄燕美，等. 2005. 沙质草原灌丛沙堆研究综述. 中国沙漠，25(5)：
　　740-743.

张海龙，蒋建军，吴宏安，等. 2006. SAR 与 TM 影像融合及在 BP 神经网络分类中的应用.
　　测绘学报，35(3)：230-241.

张锦水，何春阳，潘耀忠. 2006. 基于 SVM 的多源信息复合的高空间分辨率遥感数据分类研究. 遥感学报，10(1)：49-57.

Burrough P A. 1986. Principles of Geographical Information Systems for Land Resources Assessment. New York：Oxford University Press.

Cerrillo R M N，Oyonarte P B. 2006. Estimation of above-ground biomass in shrubland ecosystems of southern Spain. Forest Systems，15(2)：1-12.

Cihlar J，Chen J，Li Z. 1997. Seasonal AVHRR multichannel data sets and products for studies of surface-atmosphere interactions. Journal of Geophysical Research Atmospheres，102(D24)：29625-29640.

Compin P，Jonckheere I，Nackaerts K，et al. 2004. Digital change detection methods in ecosystem monitoring：a review. International Joural of Remote Sensing，25(9)：1565-1596.

Defries R S，Townshend J R G. 1994. NDVI-derived land cover classifications at a global scale. International Journal of Remote Sensing，15(17)：3567-3586.

Defries R，Hansen M，Townshend J. 1995. Global discrimination of land cover types from metrics derived from AVHRR pathfinder data. Remote Sensing of Environment，54(3)：209-222.

Grigal D，Ohmann L. 1976. Biomass estimation for shrubs from northeastern Minnesota. Aspen Research，1(1)：1-3.

Heine G W. 1986. A controlled study of some two-dimensional interpolation methods. COGS Computer Contributions，3(2)：60-72.

Lambin E F，Ehrlich D. 1995. Combing vegetation indices and surface temperature for land-cover mapping at broad spatial scales. International Journal of Remote Sensing，16(3)：573-579.

Lambin E F，Ehrlich D. 1996. The surface temperature-vegetation indexspace for land cover and land-cover change analysis. International Journal of Remote Sensing，17(3)：463-487.

Mayaux P，Bartholome E，Fritz S，et al. 2004. A new land-cover map of Africa for the year 2000. Journal of Biogeography，31(6)：861-877.

Moore T R，Bubier J L，Frolking S F，et al. 2002. Plant biomass and production and CO_2 exchange in an ombrotrophic bog. Journal of Ecology，90(1)：25-36.

Muchoney D，Strahler A，Hodges J，et al. 1999. The IGBP DISCover Confidence Sites and the System for Terrestrial Ecosystem Parameterization：Tools for Validating Global Land-Cover Data. Photogrammetric Engineering & Remote Sensing，65(9)：1061-1067.

NAS J F. 1999. Monitoring land-cover changes：a comparsion of change detection techniques. International Journal of Remote Sensing，20(1)：139-152.

Nield J M，Baas A C W. 2008. Investigating parabolic and nebkha dune formation using a cellular automaton model ling approach. Earth Surface Process and Landforms，33(5)：724-740.

Oliver M A. 1990. Kriging：a method of interpolation for geographical information systems. International Journal of Geographic Information Systems 4(3)：313-332.

Olson C M, Martin R E. 1981. Estimating biomass of shrubs and forbs in central Washington Douglas-fir stands. USA: USDA, 2-6.

Press W H, Teukolsky S A, Vetterling W T, et al. 1988. Flannery Numerical Recipes in C: the Art of Scientific Computing. New York: Cambridge University Press.

Rango A, Chopping M, Ritchie J, et al. 2000. Morphological characteristics of shrub coppice dunes in desert grasslands of southern New Mexico derived from scanning LIDAR. Remote Sensing of Environment, 74(1): 26-44.

Sellers, Robert M, Rowley, et al. 1997. Multidimensional inventory of Black identity: a preliminary investigation of reliability and construct validity. Journal of Personality and Social Psychology, 73(4), 805-815.

Shoshany M. 2012. The rational model of shrubland biomass, pattern and precipitation relationships along semi-arid climatic gradients. Journal of Arid Environments, 78 (3): 179-182.

Singh A. 1989. Digital change detection techniques using remotely-sensed data. International Journal of araemote Sensing, 10(6): 989-1003.

Townshend J, Justice C, Li W, et al. 1991. Global land cover classification by remote sensing: present capabilities and future responsibilities. Remote Sensing of Environment, 35 (2-3): 243-255.

Turner B L I, Skole D L, Sanderson S, et al. 1995. Land-use and Land-cover Change: Science/Research Plan. Egs-agu-eug Joint Assembly, 43(1995): 669-679.

Whittaker R H. 1962. Net production relations of shrubs in the Great Smoky Mountains. Ecology, 43(3): 357-377.

彩 色 图 版

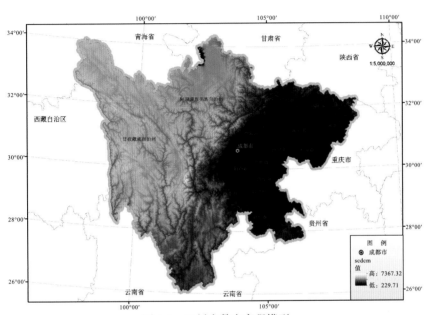

图 4-5　四川省数字高程模型

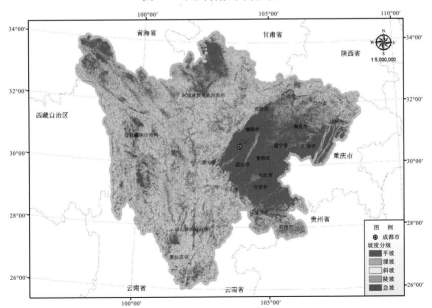

图 4-6　四川省坡度分级图

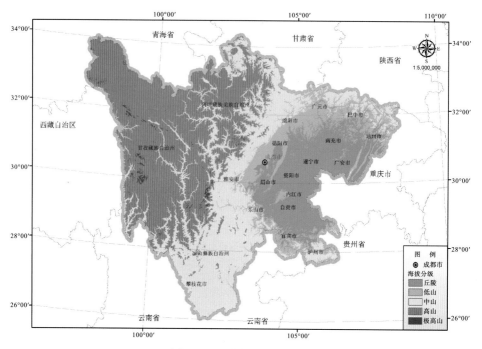

图 4-7　四川省海拔分级图

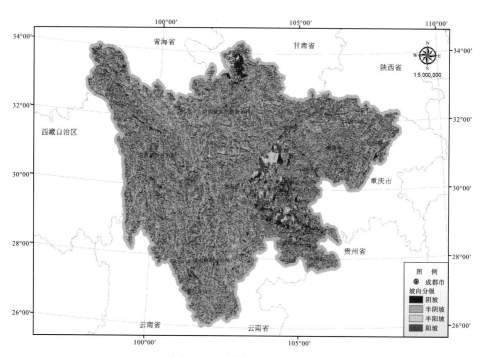

图 4-8　四川省坡向分级图

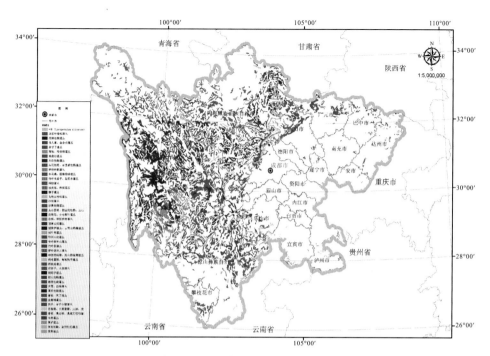

图 4-19　四川省 1：100 万灌丛数据

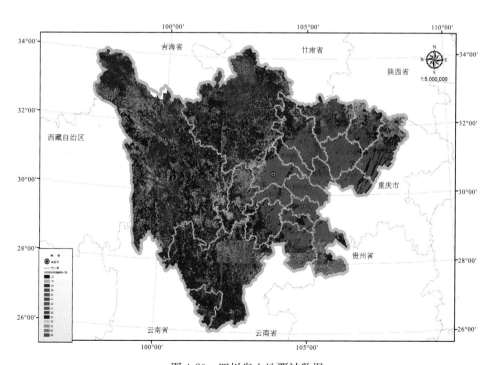

图 4-20　四川省土地覆被数据

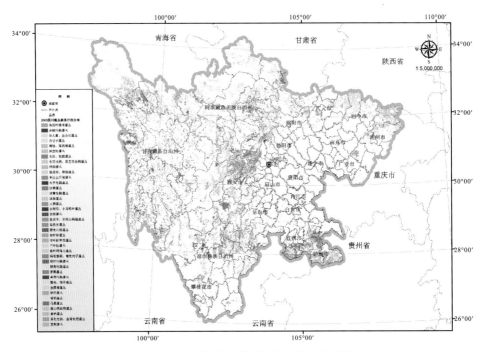

图 5-1　2005 年灌丛群系行政区域分布总图

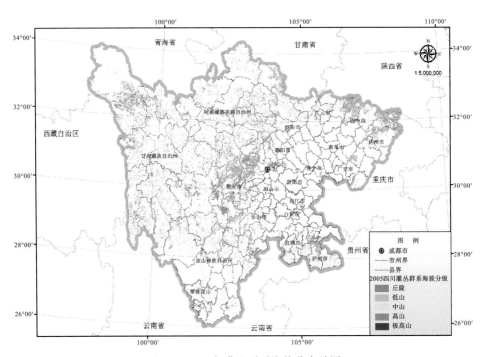

图 5-3　2005 年灌丛群系海拔分布总图

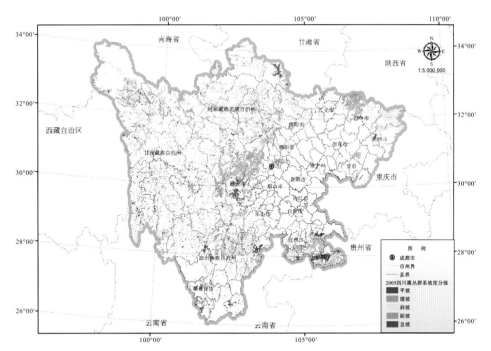

图 5-6 2005 年灌丛群系坡度分布总图

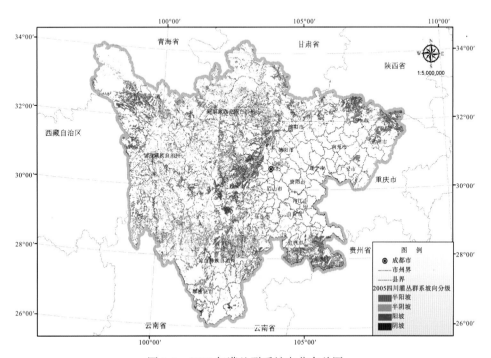

图 5-9 2005 年灌丛群系坡向分布总图

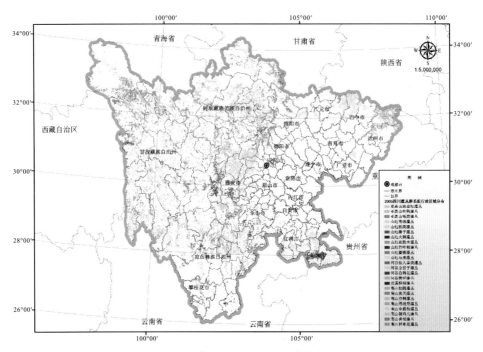

图 5-12　灌丛群系组行政区域分布图

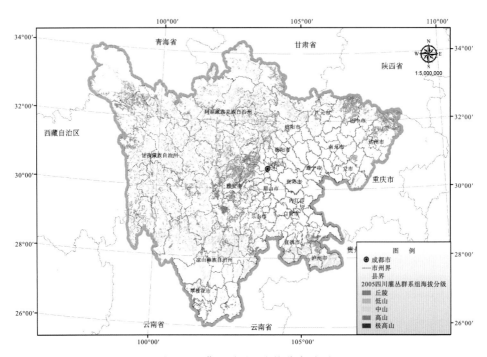

图 5-14　灌丛群系组海拔分布总图

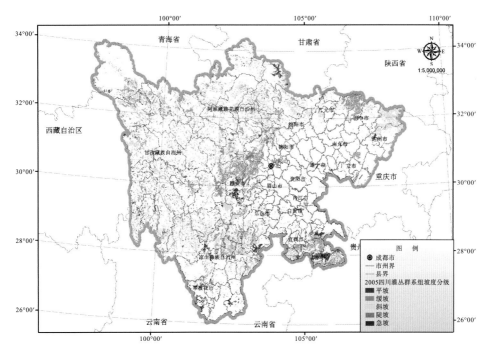

图 5-17　2005 年灌丛群系组坡度分布总图

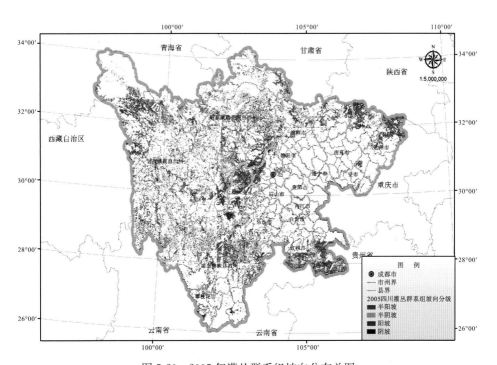

图 5-20　2005 年灌丛群系组坡向分布总图

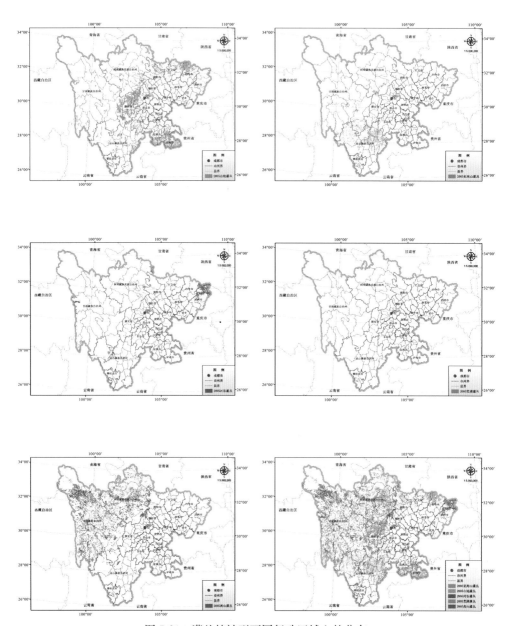

图 5-24　灌丛植被型不同行政区域上的分布

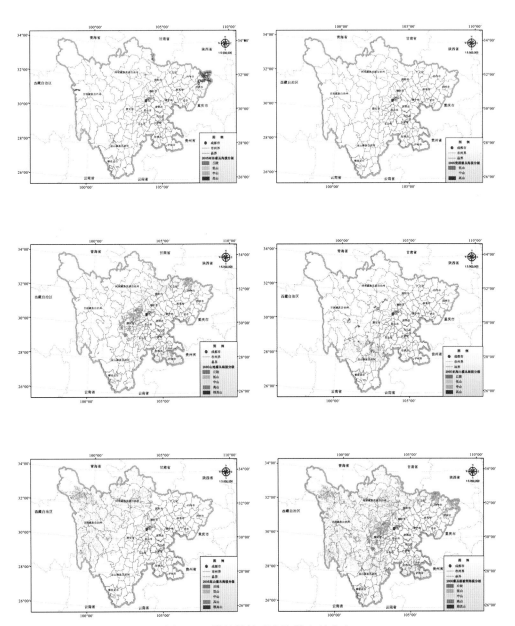

图 5-30　灌丛植被型在海拔上的分布

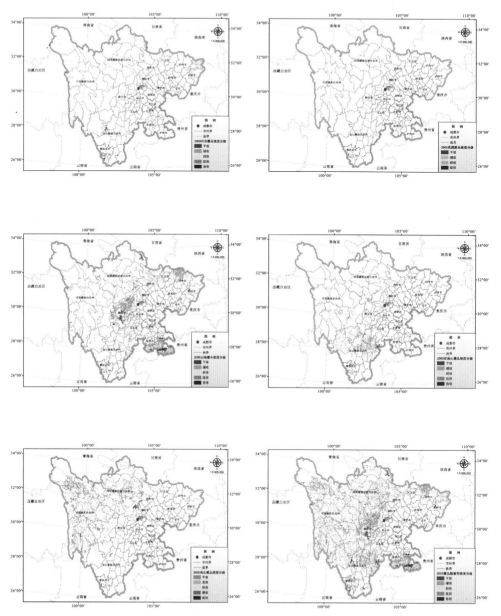

图 5-33　灌丛植被型在坡度上的分布规律

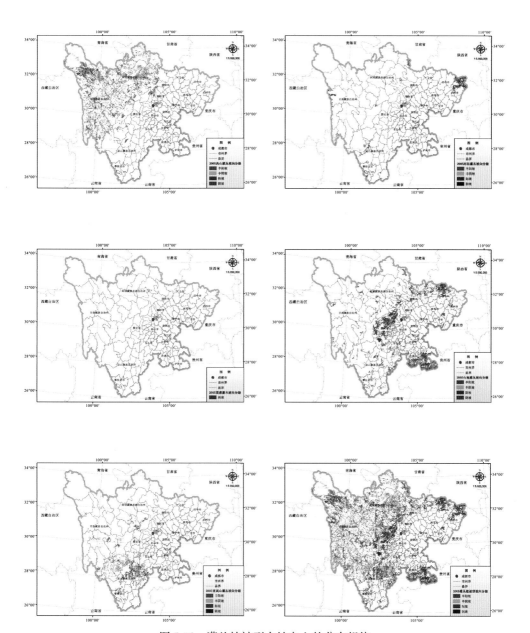

图 5-36　灌丛植被型在坡向上的分布规律

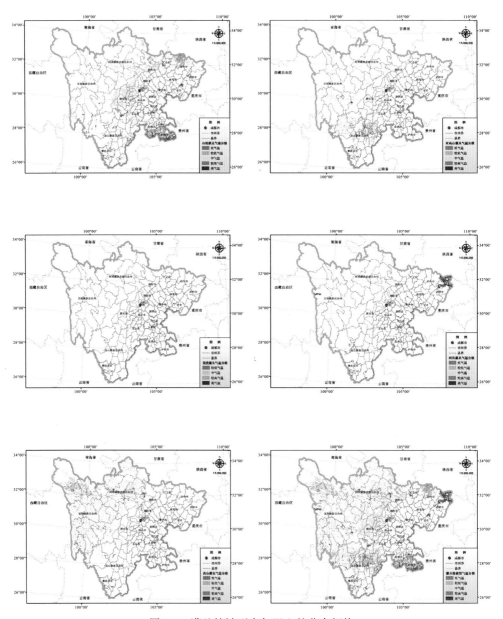

图 6-1　灌丛植被型在气温上的分布规律

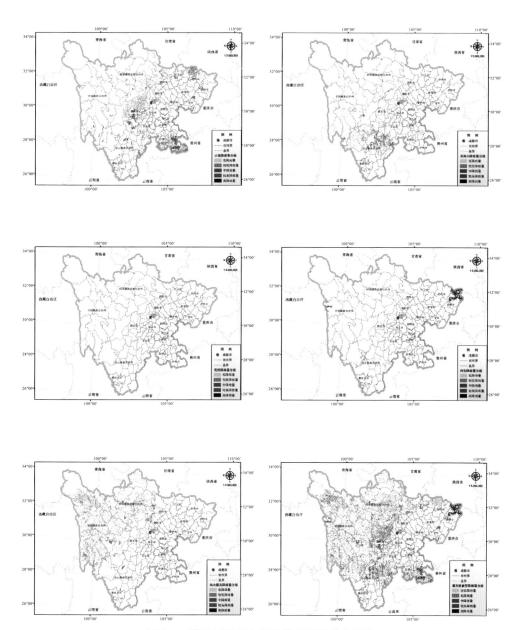

图 6-4　灌丛植被型在年均降雨下的分布规律